走进核电

李　日　马加群　编著

ZHEJIANG UNIVERSITY PRESS
浙江大学出版社

图书在版编目(CIP)数据

走进核电／李日，马加群编著．—杭州：浙江大学出版社，2015.2(2019.8 重印)

ISBN 978-7-308-14400-1

Ⅰ.①走… Ⅱ.①李… ②马… Ⅲ.①核电工业—教材 Ⅳ.①TL

中国版本图书馆 CIP 数据核字(2015)第 032968 号

走进核电

李　日　马加群　**编著**

责任编辑　李玲如
封面设计　金定中
出版发行　浙江大学出版社
(杭州市天目山路 148 号　邮政编码 310007)
(网址：http://www.zjupress.com)
排　　版　杭州中大图文设计有限公司
印　　刷　嘉兴华源印刷厂
开　　本　710mm×1000mm　1/16
印　　张　9.25
字　　数　147 千
版 印 次　2015 年 2 月第 1 版　2019 年 8 月第 3 次印刷
书　　号　ISBN 978-7-308-14400-1
定　　价　26.00 元

目　录

前　言

我国核电事业经历了从无到有、从小到大的发展过程。在这个过程中，核电人才队伍也在不断发展壮大。我国核电站建设突飞猛增，已建成并投入运营的核电站有 4 个，在建的核电站有 13 个，正在筹建中的核电站有 25 个，我国对核电人才的需求也越来越旺盛。据我们调查，在施工阶段，安装一个单机组核电站需要 2000～2700 名熟练的技术工人，这些熟练技术工人可通过中等职业学校专门培养来实现。

核电设备安装与维护专业是基于三门职业中专与三门核电站建设单位校企合作“订单教育”新开发的中等职业教育专业。该专业是培养核电站建设中所需的熟练技术工人。

核电设备安装与维护专业为浙江省中等职业教育课改第二阶段第三批改革专业，课改任务由三门职业中专承担，目前已完成专业人才培养模式、课程设置的研究和专业教学指导方案的编制及部分专业教材的编写工作。专业教学指导方案将由浙江省教育厅审核通过后实施。

《走进核电》是中等职业学校核电设备安装与维护专业入门教育读本，也是关注中国核电站建设人士的基础读本。随着我国核电产业的发展，《走进核电》还可作为普通高中选修课程教材。

《走进核电》内容分为六章：第一章介绍原子核基本知识，包括原子核和核裂变、核能的优越性与应用及核辐射的防护；第二章介绍核电站基础知识，包括我国核电站建设情况、核电站的结构和运行原理、核电站的分类及世界核电发展的现状；第三章介绍核电人才需求状况，包括我国核工业建设企业介绍，核电站建设的人才需求及中职学校为核电站建设培养人才情况；第四章介绍专业对应的职业群和职业资格要求；第五章介绍课程教学与实训教学的安排；第六章为走进核电建设企业做好准备——在认识自己、了解职场环境的基础上做好未来的规划。

《走进核电》建议在核电设备安装与维护专业的第一学期开设，每周1课时，约需20课时。

《走进核电》由李日、马加群编著。在编著过程中我们得到了中国核工业集团三门核电有限公司政工处、中国核工业第五建设公司三门核电站项目部、中国核工业第五建设公司秦山核电站检维修项目部、成都海光核电技术服务有限公司连云港核电站项目部工程技术人员的指导以及浙江大学出版社领导和编辑的关心与指导，在此我们表示衷心的感谢。由于编著者的水平有限，书中难免有错误和不妥之处，敬请读者批评指正。

编著者

2015年1月

引子　世界上第一座原子核反应堆的诞生

1942 年 12 月 2 日，人类于此首次完成自持链式反应的实验，并因而肇始了可控的核能释放。

这是芝加哥大学的某幢建筑的外墙上所铭刻的文字。正是在这幢不起眼的建筑中产生了人类历史上第一个核反应堆，从此，人类进入了原子能的时代。

一、费米夫人罗拉的回忆

在芝加哥大学的校园里，有一所破旧而古老的建筑。有个像炮塔和城垛的足球场的西看台。第一座原子核反应堆就是在这看台下面的室内网球场里，由一个科学家小组建造的。当时，离指望达到目标的日期异常紧迫，他们都以最快的速度，在极端保密的方式下，进行着这件工作。那时，第二次世界大战交战正酣，在网球场里工作的那些人，心中明白他们的探索将使得原子武器的研制成为可能。经过极为艰苦的努力，他们终于成为第一批目睹物质确可完全按照人类的意愿而放出其内部能量的人。在这当中，我的丈夫费米是他们的领导者。

1939 年 1 月 16 日玻尔到美国普林斯顿高级研究所和在那里工作的爱因斯坦探讨铀裂变问题。然后，又和费米在华盛顿大学举行的一次理论物理学会议上交换了各自的研究心得。在这次交谈中，关于链式反应的概念开始成型。

3 月，在哥伦比亚大学工作的费米、津恩、西拉德和安德森等人，进行试验以确定铀核裂变的所释放出的中子数目到底是几个。实验结果表明，铀核在裂变时能够释放多于两个的中子，因而铀原子核一个接一个分裂的链式反应应该是可以实现的。至此，在理论上能否实现核分裂链式反应的问题已经得到基本解决。由于纳粹德国也在沿着这一方向进行研究，聚集在美国的各国著名科学家们强烈地预感到，美国政府应该利用这一最新科研成果，开始研制一种威力强大的原子武器，而且必须赶在德国人前面。

现在，需要费米全力以赴的是建造一座能产生自持链式反应的原子核反应堆。

1941 年 7 月，费米和津恩等人在哥伦比亚大学开始着手进行石墨一铀点阵反应堆的研究，确定实际可以实现的设计方案。

12 月 6 日，即日本偷袭珍珠港的前一天，罗斯福总统下令设置专门机构，以加强原子能的研究。此时，康普顿被授权全面领导这项工作，并决定把链式反应堆的研究集中到芝加哥大学进行。1942 年初，哥伦比亚小组和普林斯顿小组都转移到芝加哥大学，挂上“冶金实验室”的招牌。这就是后来著名的国立阿贡实验室的前身。

在芝加哥大学的这个“冶金实验室”里，费米所领导的小组主要是设计建造反应堆。他们既有分工又有交叉，自觉地、有条不紊地进行着实验研究和工程设计工作。

在建造并试验了 30 个亚临界反应堆实验装置的基础上，最后才制订出建造真正反应堆装置的计划。

1942 年 11 月，这个反应堆主体工程正式开工。由于机制石墨砖块、冲压氧化铀元件以及对仪器设备的制造很顺利，工程进展很快。费米的两个“修建队”，一个由津恩领导，另一个由安德森领导，几乎是昼夜不停地工作着。而由威尔森所领导的仪器设备组，也是日夜加班，紧密配合。

反应堆一天天地朝着它的最终形象增长。为它工作的人们，神经紧张的程度也在增加。虽然从理论上说，他们明白：在这反应堆里，链式反应是可以控制的，但毕竟是第一次，是不是可控还得用实践来证明。

费米教授头脑机敏，遇事果断。他对一些重大的技术问题，虽然已胸有成竹，但总与周围的人商量如何处理更好。只要是正确的、好的见解，不管是谁提出的，他都采纳。所以，他的助手们形容他是“完全自信，而毫不自负的人”。费米一直亲临建造现场，根据工程进展情况和实测结果，证明原来的设计是那么精确。他能够预言出几乎完全精确的石墨—铀砖块的数目，这些砖块堆到了这个数目，就会发生链式反应。

12月1日中午刚过，测量表明，链式反应马上就要开始了。最后一层石墨—铀砖块放到反应堆上，津恩和安德森一起对反应堆内部的放射性做了测量，认为只要一抽掉控制镉棒，链式反应就会发生。两人商定先向费米汇报情况，然后再进行下一步的工作。当晚，费米向所有工作人员传话：“明天上午试车。”12月2日(星期三)上午8点30分，大家聚集在这间屋子里，北端阳台东头放着检测仪器，费米、康普顿、津恩和安德森都站在仪器前面。反应堆旁边站着韦尔，他的职责是抽出那根主控制棒。

9点45分，费米下令抽出电气操纵的控制棒。

10点钟刚过，又令津恩把另一根叫“急朴”的控制棒抽出。

接着，命令韦尔抽出那根主控制棒。由于安全点定得太低，自动控制棒落下来了，链式反应没有发生。时为11点35分。因为控制棒能吸收中子，中子数下降就会使反应暂时中止。

午后，韦尔对控制棒的安全点做了一些调整。

下午3点过后，费米一面盯着中子计数器，一面命令韦尔抽出那根主控制棒。费米说：“再抽出一英尺。”“好！这就行了。”接着对一直站在他旁边的康普顿教授说：“现在链式反应就成为自持的了。仪器上记录的线迹会一直上升，不会再平延了。”此时正是1942年12月2日下午3点25分。

当这世界上第一座原子核反应堆开始运转之际，在场的人们聚精会神地盯着仪器，一直注视了28分钟。

“好了！把‘急朴’插进去。”费米命令操纵那根控制棒的津恩。立刻，计数器慢下来了，反应停止了，时为下午3点53分。

此时此地，人们心潮汹涌澎湃，激动万分。费米刚一宣布反应停止，理论物理学家威格纳就把早已准备好的一瓶吉安提酒递上来。费米启开瓶盖，向大家分发了纸杯。科学家们为自己是最早的成功者，互相祝贺，并在这瓶酒的商标纸上签了名，这一举动成了事后考证有谁参加这次实验的唯一书面记录。

世界上第一座原子核反应堆被命名为“芝加哥”第一号CP-1。

二、CP-1 的结构

CP-1 和现在的反应堆结构不同，它没有压力容器，它由铀及铀氧化物冲压块和石墨块堆叠而成。因为材料确实是一块块堆垒起来的，其总重量达到 7 吨以上，所以才称之为反应"堆"，如图 0-1 的素描图所示。铀元素作为裂变反应的燃料，石墨用以把中子减慢到热中子速度，在那样慢的速度下，中子更容易被铀吸收，因此裂变会更容易引发。反应堆中装有镉棒，其吸收中子的能力很强，用以在裂变反应开始前吸收中子，避免链式裂变反应急剧发生。在堆外设计了中子计数器，用以检测链式裂变反应是否实现了自持，如图 0-2 所示。

图 0-1　世界上第一座原子核反应堆

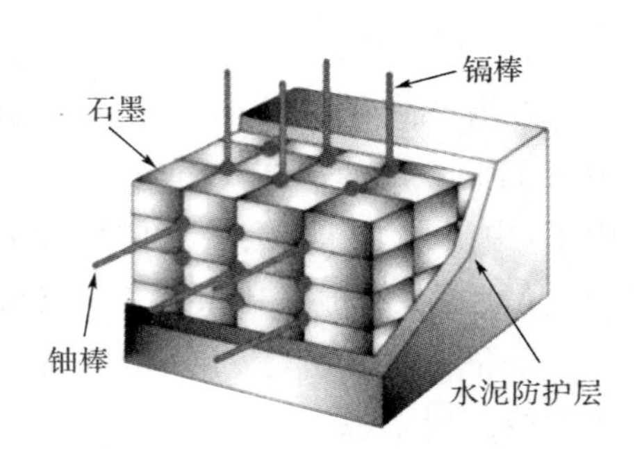

图 0-2　核反应堆结构

核能是最现实可行的新能源。我们相信随着国际间的和平发展和国际公约约束力量的加强，广岛、长崎原子弹轰炸的悲剧不会重演，核子武器会永远从战场上消失。原子核会源源不断地为人类提供清洁，可靠，安全的能源。

【资料链接】

伟大的科学家费米

费米(1901—1954)，美籍意大利裔物理学家，出生于罗马，图 0-3 是费米像。读书时费米是一个出类拔萃的学生，不满 21 岁的他就在比萨大学以有关 X 射线的衍射优秀论文获得理学博士学位。1926 年他任罗马大学物理学教授时，年仅 26 岁，主要从事固体中电子统计规律的研究。当时的他发表了第一篇关于量子统计学规律的重要论文。这篇论文中，费米以量子统计学来描述某类粒子大量聚集的行为。之后，这类粒子人称费米子。

图 0-3　费米像

1933 年费米提出了β衰变学说，对中微子和弱相互作用首次作了定量分析。1932 年英国物理学家詹姆斯·查德威克发现了中子。这使费米产生了极大的兴趣，因为中子可以实现许多新的核反应。费米注意到，在引发核反应时，中子先通过石蜡和水则特别有效。中子在通过这些物质时，多次碰撞，能量大量损失，也就是说，能量越小的中子，核反应能力就越大。

1938 年，费米由于对中子吸收做了重要的研究获得诺贝尔物理奖。但是就在这时他却在意大利遇到了麻烦。他的妻子是犹太人，意大利法西斯政府颁布出一套粗暴的反对犹太人的法律，而费米本人又强烈反对法西斯主义——墨索里尼的独裁统治。1938 年 12 月，他前往斯德哥尔摩接受诺贝尔奖，此后就没有返回意大利，而是去了纽约。哥伦比亚大学主动为他提供职位，并为自己的师资队伍中增添了一位世界上最伟大的科学家而感到自豪和骄傲。1944 年费米加入美国籍。

1939 年初，据李泽·梅特纳、奥特·哈尔姆和弗里茨·斯特拉斯曼报告，中子被吸收后有时会引起铀原子裂变。这项报告发表后，和其他几位主要的物理学家一样，费米立即认识到一个裂变的铀原子可以释放出足够的中子来引起一项链式反应。费米还预见到这样的链式反应可用于军事目的潜在性。费米意识到铀的连锁反应就是炸弹，而且是一种新的威力无比的炸弹，它可以把千万条生命瞬间烧成灰烬！费米一想到这里，心中不禁打了个寒噤，要是德国的希特勒、意大利的墨索里尼这两个战争狂人掌握了这个秘密，那人类将遭受多大的灾难。

后来，从匈牙利逃到美国的西拉德等科学家找到了费米，决定起草一封给罗斯福总统的信，请爱因斯坦签名，敦促美国筹划研制原子弹的工程计划。这个建议被罗斯福所采纳，并且把研制原子弹的计划称为“曼哈顿工程计划”。但当时在美国的费米一家已经成为敌国侨民，因为他来自法西斯一方的意大利。美国战时的宪法规定，这些敌国侨民的言行将受到限制。制造原子弹，必先建造核反应堆。因为设计原子弹所需要的许多重要数据和机理，必须事先在反应堆的实验中取得。核计划的主要负责人康普顿教授向政府部门竭力推荐费米，强调要搞反应堆研究一定要费米才有这个领导能力。幸运的是推荐获准，费米着手领导建设第一座核反应堆。

1941 年 7 月，费米和津恩等人在哥伦比亚大学，开始着手进行石墨—铀点阵反应堆的研究，确定实际可以实现的设计方案。1942 年 11 月，费米出其不意地在芝加哥大学运动场的西看台下忙碌起来。1942 年 12 月 2 日，在费米指导下设计和制造出来的核反应堆首次运转成功。1945 年 7 月，费米参加了世界上第一颗原子弹爆炸试验，并获得了成功。1945 年 8 月，两枚原子弹将日本两座城市夷为平地，夺走无数人的生命，但同时也结束了第二次世界大战。从此，核能武器的恐惧笼罩着整个世界。

1945 年费米被聘为芝加哥大学核研究所教授。他在一生中写出过 250 多篇科学论文。杨振宁、李政道、盖尔曼和张伯伦等著名物理学家都是他的学生。

费米晚年也非常反对核子武器的使用，尤其是听说比原子弹威力更大的氢弹爆炸成功时，他极力反对这种大规模毁灭性的杀伤武器的使用。费米 1954 年 11 月刚刚接受了以他名字命名的费米奖金不几天，便溘然长逝，年仅 53 岁，这与他在工作中受到较多的核辐射有关。非常遗憾，这位科学巨人并没有亲眼见到原子能的和平应用。为了纪念他对核反应的巨大贡献，100 号化学元素镄就是为他而命名的。

毋庸置疑，费米是 20 世纪最伟大的科学家之一，在理论和实验双方面都有惊人的成就。他的发明曾经对人类带来过巨大的灾难，也正被人类和平利用提供能源造福万代。

第一章　核能与核能利用

第一节　原子核和核裂变

物质由分子组成，分子由原子组成，原子由原子核和核外电子构成，原子核由于衰变和核反应会变成新的原子核，并释放出巨大的能量，原子弹以及核电站的能量来源都是核裂变。

一、原子和原子核

1.原子、原子核、电子

原子是化学变化中的最小粒子。原子由原子核和核外电子构成，原子核内有质子、中子，还有其他基本粒子。图1-1是原子的结构示意图。

原子核是原子的组成部分，位于原子的中央，占有原子的大部分质量。组成原子核的有中子和质子。当周围有和其中质子等量的电子围绕时，构成的是原子。原子核极其微小，如果原子是一个足球场，那么原子核就是足球场中的一只蚂蚁。且原子中的质子分布不均。

电子是一种最小的带电粒子，也是最早被人们发现的基本粒子，带负电，电量为1.602189×10^{-19}库仑，是电量的最小单元；其质量为9.10953×10^{-28}克，常用符号e表示。电子在原子中，围绕于原子核外，其数目与核内的质子数相等，亦等于原子序数。

2.原子核内蕴藏着巨大能量

原子核虽然很小，但它内部蕴藏的能量却不小。例如核电站所用的

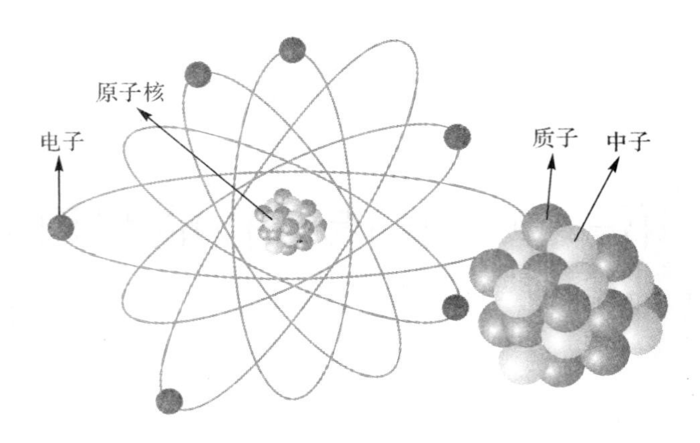

图 1-1　原子的结构

核燃料铀^{235}U，如果让 1 千克^{235}U 的原子核全部裂变，则它可以释放出相当于 2700 吨标准煤完全燃烧所放出的能量，如图 1-2 所示，由此可见原子核内蕴藏着巨大能量。

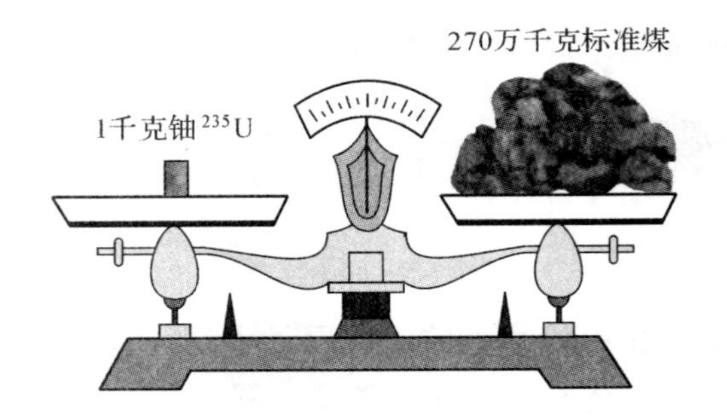

图 1-2　原子核内蕴藏着巨大能量

二、原子核的转变

1. 核衰变

核衰变，原子核自发射出某种粒子而变为另一种核的过程。

核衰变有三种：

(1)α 衰变。原子核自发放射 α 粒子的核衰变过程。

(2)β 衰变。原子核自发耗散其过剩能量使核电荷改变一个单位，而质量数不改变的核衰变过程。

(3)γ 衰变:处于激发态的核,通过放射出 γ 射线而跃迁到基态或较低能态的现象。

2. 核反应

原子核由于外来的因素作用,如带电粒子的轰击、吸收中子、高能光子照射等引起核结构的改变并形成新核的过程。

(1)核裂变,又称核分裂(见图 1-3)。裂,即分裂,是一个变多个,是一个原子核分裂成几个原子核的变化。只有一些质量非常大的原子核像铀 U、钚 Pu 等才能发生核裂变。

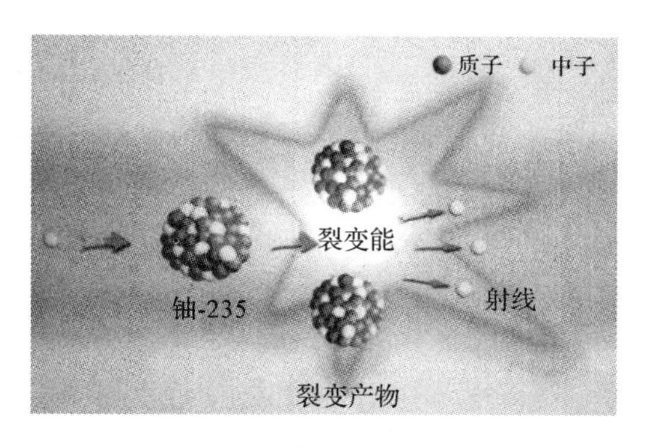

图 1-3　核裂变

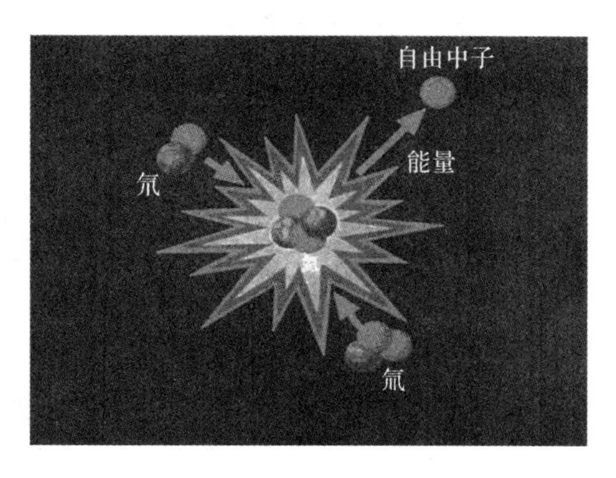

图 1-4　核聚变

(2)核聚变,又称核融合(见图 1-4)。聚,即聚集,是多个变一个。核聚变的过程与核裂变相反,是由几个原子核聚变合成一个原子核变化。

只有一些质量小的原子，比方说氘和氚，在一定条件下，发生核聚变。图 1-4是核聚变示意图。

三、核裂变

1. 核裂变

只有一些质量非常大的原子核像铀 U、钚 Pu 等才能发生核裂变。这些原子的原子核在吸收一个中子以后会分裂成两个或更多质量较小的原子核，同时放出二个到三个中子，还有 β 和 γ 射线和中微子，并释放出巨大的能量，这一过程称为核裂变。原子弹以及核电站的能量来源都是核裂变，铀裂变在核电站最常见。

一个重原子核分裂成为两个或更多中等质量碎片的现象。按分裂的方式裂变可分为自发裂变和感生裂变。自发裂变是没有外部作用时的裂变，类似于放射性衰变，是重核不稳定性的一种表现；感生裂变是在外来粒子(最常见的是中子)轰击下产生的裂变。

【资料链接】

铀及铀同位素的分离

一、铀

铀是一种带有银白色光泽的金属，比铜稍软，具有很好的延展性，很纯的铀能拉成直径 0.35 毫米的细丝或展成厚度 0.1 毫米的薄箔。铀的比重很大，与黄金差不多，每立方厘米约重 19 克，像接力棒那样的一根铀棒，竟有十来千克重，如图 1-5 所示。

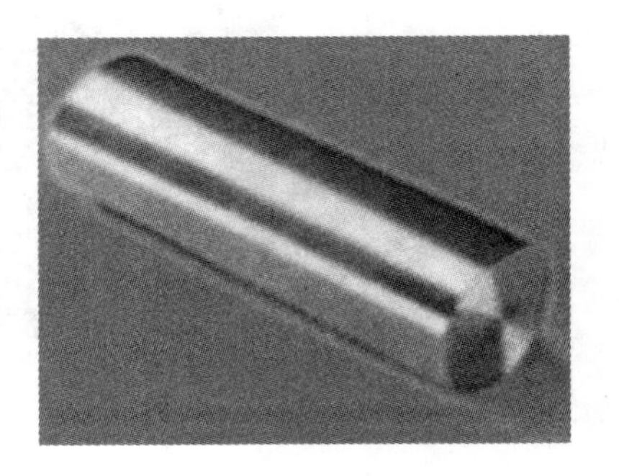

图 1-5　铀棒

1. 铀的三种同位素

铀是存在于自然界中的一种稀有化

学元素，具有放射性。铀主要含三种同位素，即^{238}U、^{235}U和^{234}U，其中^{235}U是可裂变的核元素，在中子轰击下会发生链式核裂变反应，可用作原子弹的核材料和核电站反应堆的燃料。

在天然铀矿石中铀的三种同位素共生，其中^{235}U的含量非常低，只有约0.7%。一些国家建造了铀浓缩工厂，以天然铀矿石作原料提炼浓缩铀。

2.铀的化学性质

铀的化学性质很活泼，易与大多数非金属元素发生反应。块状的金属铀暴露在空气中时，表面被氧化层覆盖而失去光泽。粉末状的金属铀，于室温下在空气中、水中会自燃。由于铀的化学性质很活泼，所以自然界不存在游离的金属铀，它总是以化合物状态存在着。

3.铀元素的分布

铀元素在自然界的分布相当广泛，地壳中铀的平均含量约为百万分之2.5，即平均每吨地壳物质中约含2.5克铀，这比钨、汞、金、银等元素的含量还高。铀在各种岩石中的含量很不均匀。例如在花岗岩中的含量就要高些，平均每吨含3.5克铀。海水中铀的浓度相当低，每吨海水平均只含3.3毫克铀，但由于海水总量极大，且从水中提取有其方便之处，所以目前不少国家，特别是那些缺少铀矿资源的国家，正在探索海水提炼铀的方法。

虽然铀元素的分布相当广，但铀矿床的分布却很有限。国外铀矿资源主要分布在美国、加拿大、南非、澳大利亚等国家和地区。我国铀矿资源也十分丰富。

二、铀同位素的分离

1.铀同位素的分离技术的研究

铀同位素分离是由^{235}U含量较低的铀同位素混合物，获得^{235}U含量较高的铀同位素混合物的同位素分离技术。铀同位素分离在核燃料循环中占极重要的地位。^{235}U含量大于天然含量的铀称为浓缩铀。浓缩铀是核反应堆的燃料（含量在3%左右）和舰艇的核动力燃料（含量在20%左右）。但是天然铀中主要含有^{238}U（含量约为99.3%），而^{235}U的含量仅为0.7%。因此必须通过铀同位素的分离来提高铀同位素混合物中^{235}U的含量。

英国人阿斯顿(F. W. Aston)和林德曼(F. Lindemann)早在1919年就开始研究铀同位素分离,直到1940年后美国为研制原子弹才用于大规模生产,当时在美国建立了三座气体扩散法厂。英国、法国和苏联后来也相继建立了气体扩散法厂。联邦德国、荷兰和英国在1971年共同组建了离心法工厂。激光法于1972年在美国研究成功。联邦德国和南非研究了喷嘴法。法国研究了化学法。中国于20世纪60年代初制得浓缩铀。

2. 铀同位素的分离的原理

铀同位素的分离的方法很多,下面以激光法介绍其分离的原理。

激光法利用原子和分子各同位素的光谱位移,选定某一波长的单色光,选择性地激发一种同位素,而不激发其他同位素,这是光化学分离同位素的理论基础。重元素如铀等的同位素光谱位移,比普通光源自发辐射的线宽要窄。激光是一种高强度、高转换效率的单色相干光。具有分离重元素同位素的作用。现时的可调频染料激光器和稀有气体卤素化合物准分子激光器,在输出线宽很窄的情况下也能高效率、可靠地进行工作。激光法分离铀同位素的分离系数很高,可使尾料中的^{235}U的丰度降至很低,而且选择性好,当用于分离乏燃料后处理回收铀时,可避免^{232}U、^{234}U、^{236}U等的浓缩。激光法分离铀同位素有原子激光法和分子激光法之分。

(1)原子激光法。其工作系统主要由激光器系统和分离器系统组成。分离器系统包括铀原子蒸发器、激光与原子相互作用腔、浓缩料收集器和贫料收集器。由蒸发器提供所需密度的铀原子蒸气,在相互作用腔内用两种线、三种波长的激光,相继照射铀原子蒸气,有选择地激发、电离^{235}U原子,然后以交叉场磁流体动力加速原理加速^{235}U离子,并将其与中性原子分开,然后分别进行收集。

(2)分子激光法。利用铀同位素化合物,如$^{235}UF_6$和$^{238}UF_6$分子光谱的同位素效应,用选定波长的激光束辐照铀的化合物,使所需要的同位素化合物产生选择性的光致解离或光诱导化学反应而导致分离。此分离过程一般应在气相中进行。浓缩产品可利用相变和蒸气压的变化等特性进行收集。如工作介质为UF_6,则浓缩$^{235}UF_6$的低价氟化物产品均能以固体收集。

2. 铀的链式裂变反应

当中子轰击铀^{235}U原子核时，一部分铀^{235}U原子核吸收中子而发生裂变。如果铀^{235}U核裂变产生的中子又去轰击另一个铀^{235}U将再引起新的裂变，如此不断地持续进行下去，就是裂变的链式反应。如图1-6所示。这种链式裂变反应自己维持进行，或者维持自持链式裂变反应的条件（或状态）是至少有一个中子而且不多于一个中子从每一次裂变到达另一次裂变。这种状态称为“临界状态”。

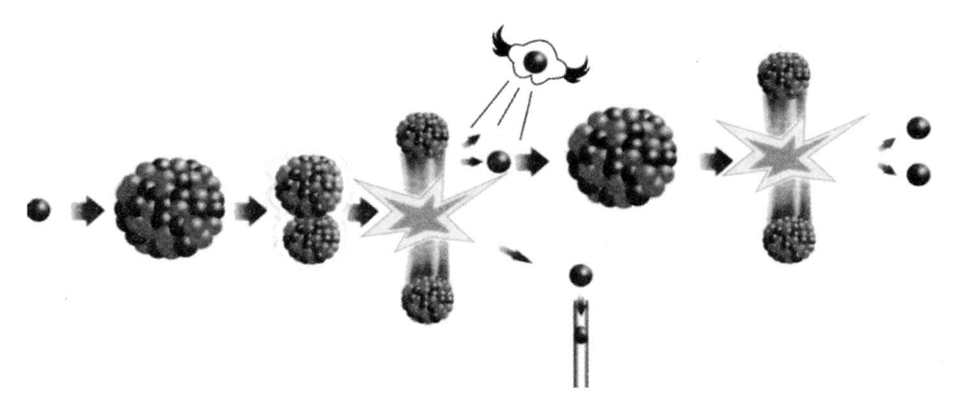

图1-6　链式核裂变反应

中子与铀^{235}U核的自持链式反应可以由人来控制。目前最常用的控制方式是向产生链式反应的裂变物质（如铀^{235}U）中放入或移出可以吸收中子的材料。正常工作时使裂变物质处于临界状态，维持稳定的链式裂变反应，因而保持稳定的核能释放。如需停止链式反应，就放入更多的吸收中子材料；如果要求释放更多的核能，可以移出一定的吸收中子材料。

【资料链接】

铀裂变的反应方程式

$$^{235}U+n \longrightarrow {}^{236}U \longrightarrow {}^{135}Xe+{}^{95}Sr+2n$$

$$^{235}U+n \longrightarrow {}^{236}U \longrightarrow {}^{144}Ba+{}^{89}Kr+3n$$

第二节 核能的优越性及利用

核能，又称原子能，是由组成原子核的粒子之间发生的反应释放出的能量。和平利用核能和核技术将造福于人类。

一、核能的发现和核能利用的探索

核能是人类历史上的一项伟大发现，这离不开早期西方科学家的探索，他们为核能的应用奠定了基础。

19 世纪末，英国物理学家汤姆逊发现了电子。

1895 年，德国物理学家伦琴发现了 X 射线。

1896 年，居里夫人与居里先生发现了放射性元素钋(Po)。

1902 年，居里夫人经过 4 年的艰苦努力又发现了放射性元素镭(Ra)。

1905 年，爱因斯坦提出质能转换公式。

1914 年，英国物理学家卢瑟福通过实验，确定氢原子核是一个正电荷单元，称为质子。

1935 年，英国物理学家查得威克发现了中子。

1938 年，德国科学家奥托·哈恩用中子轰击铀原子核，发现了核裂变现象。

1942 年 12 月 2 日，美国芝加哥大学成功启动了世界上第一座核反应堆。

1954 年，苏联建成了世界上第一座核电站——奥布灵斯克核电站。

在 1945 年之前，人类在能源利用领域只涉及到物理变化和化学变化。第二次世界大战期间，原子弹诞生了。人类开始将核能运用于军事、能源、工业、航天等领域。美国、俄罗斯、英国、法国、中国、日本和以色列等国相继展开对核能应用前景的研究。

二、核能的优越性

迄今为止，世界能源需求的 85％来自燃烧煤、石油、天然气等化石燃料。大量燃烧化石燃料所产生的二氧化硫、二氧化碳、氮氧化物、一氧化碳和颗粒物等，带来令人忧虑的环境问题。而且，这些化石物质消耗的迅速增长，使它们在地球上的储量面临枯竭的境地。

自然界中，除了化石燃料外，核能、水力、风力、太阳能、地热、潮汐能等也都是可资利用的能源。

水力是无污染的能源，应充分开发使用，但水力资源终究有限，且受地理条件限制。水力发电随季节变化很大，所以光靠水力替代不了化石燃料，满足不了日益增长的能源需求。

风力、太阳能、地热、潮汐能等，都因受多种条件的限制，只能在一定条件下有限开发，很难大量使用。

较乐观地估计，到 21 世纪，上述几种能源中每种在能源总耗量中的比例，都很难超过 1%。

目前，技术上已较成熟，且能大规模开发使用以提供稳定电力的唯有核能。与常规能源相比，核能有明显的优越性，因为核能有其无法取代的优点。

1. 核能是高效的能源

我们将核电站和煤电厂在燃料消耗上做一对比。一座电功率为 100 万千瓦的燃煤电厂每年要烧掉约 300 万吨煤，而同样功率的核电站每年约需更换 30 吨核燃料，真正烧掉的^{235}U大约只有 1 吨。因此利用核能不仅可以节省大量的煤炭、石油，而且极大地减轻了运输量（见表 1-1）。

表 1-1　核能与其他能源的比较

能源形式	优　点	缺　点
核能	（1）燃料储量丰富、高密集型、经济、清洁的能源，有利于资源的合理利用；（2）技术成熟，燃料能量密度高，1 公斤^{235}U裂变产生的能量相当于 2700 吨标准煤；（3）燃料费低，约占发电成本的 20%～30%。	核电站造价高，高出火电厂 30%～50%。

续表

能源形式	优　点	缺　点
化石燃料发电	电厂造价低，技术成熟。	(1)产生的二氧化硫、二氧化碳、氮氧化物、一氧化碳和颗粒物等带来环境问题； (2)资源有限，燃料费高，约占发电成本的40%～60%。
水电	无污染。	水力资源有限，水力发电随季节变化很大。
风电、太阳能 地热、潮汐能	无污染。	只能在一定条件下有限开发，很难大量使用。

2.核能是清洁的能源

众所周知，燃烧石油、煤炭等化石燃料必须消耗氧气、生成二氧化碳。由于人类大量燃烧化石燃料等，已经使得大气中的二氧化碳数量显著增加，导致所谓"温室效应"，其后果是地球表面温度升高、干旱、沙漠化、两极冰层融化和海平面升高等，这一切都会使人类的生存条件恶化。而产生核能，不论是裂变能和聚变能，都不需消耗氧气、不会产生二氧化碳。因此在西方发达国家，虽然目前能源和电力供应都比较充足，但有识之士仍在呼吁发展核能以减少二氧化碳的排放量。除二氧化碳外，燃煤电厂还要排放大量的二氧化硫等，它们造成的酸雨，使土壤酸化、水源酸度上升，对农作物、森林造成危害。煤电厂排出的大量粉尘、灰渣也对环境造成污染。更值得注意的是，燃烧一吨煤平均会产生0.3克苯并芘(BaP)，它是一种强致癌物质。每1000立方米空气中苯并芘含量增加1微克，肺癌发生率就增加5%～10%。相比之下，核电站向环境排放的废物要少得多，大约是火电厂的几万分之一。它不排放二氧化硫、苯并芘，也不产生粉尘、灰渣。一座电功率100万千瓦的压水堆每年卸出的乏燃料仅25～30吨，经后处理就只剩下10吨了。现已有多种方法将它们安全地放置在合适的地方，不会对环境造成危害。核电站正常运行时当然也会向环境中排放少量的放射性物质，核电站对周围居民的放射性剂量，不到天然本底的1%，不是什么严重的问题。值得指出的是，由于煤渣和粉尘中含有铀、钍、镭、氡等天然放射性同位素，所以煤电站排放到环境中的放射性、比相同功率的核电站要多几倍、甚至几十倍。

3.核电的经济性优于火电

电厂每度电的成本是由建造折旧费、燃料费和运行费这三部分组成，其中主要是建造折旧费和燃料费。核电站由于特别考究安全和质量，建造费高于火电厂，一般要高出30%～50%，但燃料费则比火电厂低得多。火电厂的燃料费约占发电成本的40%～60%，而核电站的燃料费则只占20%～30%。国外和我国台湾地区的经验证明，总体算起来，核电站的发电成本要比火电厂低15%～50%。

4.以核燃料代替煤和石油，有利于资源的合理利用

煤和石油都是化学工业和纺织工业的宝贵原料，能以它们制造出多种产品。它们在地球上的蕴藏量是很有限的；作为原料，它们要比仅作为燃料的价值高得多。所以，从合理利用资源的角度来说，也应逐步以核燃料代替有机燃料。

5.核电是安全的工业

核电站就是利用反应堆将核燃料裂变产生的能量转变为电能的发电厂。核电站主要由核岛、常规岛和配套设施组成，而核电站与一般电厂的区别主要在于核岛里的反应堆，有人称它为原子炉，其工艺技术复杂，与众不同。为了防止放射性物质的泄露，核电站在设计时采用了多道屏障，层层封隔，纵深防御。例如反应堆有四道屏障，第一道屏障为燃料芯块，将核裂变产生的放射性物质98%以上滞留在芯块的微孔内；第二道屏障为燃料元件包壳，它能够把核燃料裂变产生的放射性物质密封起来；第三道屏障为压力容器，设计中有特殊设施防止一回路水泄露；第四道屏障为安全壳，能承受极限事故的内压、温度剧增和自然灾害等。通过这4道屏障，可保障放射性物质不会泄露到周围环境中去。除此之外，反应堆还依托一系列技术保障措施，可靠地控制着反应堆。一旦发生系统故障，电脑不仅自动报警，而且还会显示排除故障程序。负责人员只要按照电脑指令排除故障即可。

6. 核电放射性废物对环境的影响微不足道

我国和世界发展核电的实践表明，核电放射性废物的管理是安全的。核电产生的放射性废物没有发生过一次对环境产生明显影响的事故。我国在发展核电的初期就制定了严格的放射性废物管理政策，制定了《辐射防护规定》和《放射性废物管理》等标准，国务院、国家环境保护总局发布了《中低放废物处置的方针与政策》等规章，为了阻止或减少放射性物质向环境释放，保护环境、保障公众的健康，核电站设置了一套完善的“三废”处理系统。

废气经高效过滤高空排放，向环境中排放的气体放射性远远低于允许排放的标准；废水处理采用化学处理、蒸发浓缩、净化等方法进行特殊处理后达标排放。经过特殊处理的放射性放射废气、废液在排放前还必须经过严格的监测，必须严格执行国家的排放标准。为了掌握排放对空气和环境污染的情况，核设施周围设置了许多监测点，一直进行着严密监测。放射性固体经过固化、焚烧、压缩运送到放射性废物贮存库，实施最终处置。保证这些放射性废物在其放射性消失以前与人类生活环境隔绝。

核电站在正常运行中，放射性“三废”经过特殊处理，向环境中的排放量是很少的，仅为允许排放量的 0.01%～50%，或更少。因此，核电站科学严格的“三废”治理措施可确保放射性物质的排放量低到微不足道的水平。

7. 核电是我国可持续发展中不可替代的重要能源

能源的可持续发展是我国现代化面临的严峻问题。我国发电量和装机容量已居于世界第二位，但到 2000 年底，人均装机容量仅 0.24 千瓦，远低于世界平均水平。世界各国达到中等发达水平之前，人均装机容量通常超过 1 千瓦，我国居民家庭人均用电量仅为美国的 2.4%。我国未来可能面临更为严重的能源短缺。

我国人均能源资源严重不足，人均石油探明剩余可采储量只相当于世界平均值的 1/10，人均煤炭可采储量仅为世界平均值的 1/2。石油和煤是重要的化工原料。合理开发和保有一定储量是十分重要的化工原料，合理开发和保有一定储量是十分重要的。核电开拓了天然铀的应用领域，使铀矿石转化为生产性应用。当前铀矿石的储量足以满足核电几十年的需要，而且潜力很大。铀资源的利用、海水中提铀及核聚变，则可使得核电的燃料几乎是无限的。可见，从资源的可持续发展看，发展核电是十分必要的。

三、核能源的利用

人类对核知识的认识已经有一个多世纪了，在此期间，专家们在核领域进行不断地研究，发现了许多有益于人类的核能源。核能源对其他领域也产生了重要的影响和变化。以前在世人的眼中核能就是屠杀、破坏、恐怖的代名词。其实，人类对核能源持这种消极观念也是情有可原的，因为，第二次世界大战后期，世人目睹了美国首次利用核技术——原子弹袭击日本长崎和广岛的惨景。在那以后，美国与苏联之间展开的激烈的核军备竞赛，更使世人对核技术心有余悸，谈核变色。当然，学者和专家们并没有忽视核技术的特殊价值，核科学家们将核技术应用到其他领域。

核技术通常指的是将天然铀通过核裂变转化为浓缩铀的一种技术。当我们回顾放射性物质原料的发明史和核发明史时，我们发现，核发明者起初并没有滥用新技术进行反人类的意图。物理学家在 19 世纪末发现了放射性物质及其威力，20 世纪初，放射性物质被用于医学。但是，第二次世界大战爆发后，科学家们开始研究用放射性物质制造核武器，在这方面的研究得到发展。第二次世界大战结束后，科学家们重新开始研究和平利用核技术的问题。

核能应用的领域很多，除了发电和军事用途，其他常见的如医学治疗、射线探伤、食品消毒杀菌、供汽供热、海水淡化等，如图 1-7 所示。

图 1-7　核能应用

1. 核能的利用——电力生产

当今世界面临的最大问题之一就是能源短缺。像石油、天然气和煤炭，这些化石燃料不但是污染源，而且终将耗尽。此外，从石油中可以提炼石油化工产品或更有价值的产品，所以应该节约使用石油。现在世界许多国家，特别是工业国家几乎都用核能发电。世界16%的电也是通过核能保障，世界1/6的电由核电站生产。现在许多国家还在继续建造核电站。令人遗憾的是，发展中国家在此方面受到了列强们的阻挠，不让他们建核电站。发展中国家人口众多，但他们只有39%的电力是核能发电，这与人口和耗电量相比，发展中国家的核电站实在太少。但是发达国家人口少，资源丰富却拥有更多的核电站。

2. 核能的利用——医学治疗

现今，核技术的发展使医学也越来越受益于核技术，许多病症需要用放射性物质来治疗和预防。如：核放射和核药物对确诊和治疗癌症就有很大的功效。科学家们制造了各种核放射仪器，用其确诊脑癌、肠癌、前列腺癌和乳腺癌。这些机器对医生对病人对症下药提供了很大的帮助。此外，核放射物还能确诊甲状腺、传染病、关节炎和贫血等病症，这使医学越来越依赖于核技术。

现今，可以用核能而发明的“CT”和“核磁共振”来确诊每个人身体不适的地方。现在，有些手术是在激光和放射波的帮助下完成的。激光手术通常不流血和没有痛感。有趣的是，正是这些制作核炸弹刹那间可以毁灭数百万人的核原料用在医学的话，可以将人从死亡线上救活。此外，“CT”和“核磁共振”的误诊率也非常低。除人外，动物也可以受益于和平的核技术，如有些动物和牲畜的病是在核放射的帮助下确诊和治疗的。换句话说，核技术对兽医的帮助也非常大，核技术对畜牧业产品质量的提高起有一定的作用，如可以通过核技术处理保障畜牧业产品的卫生安全。此外，核技术还可以改善动物的基因和饲养，以便使这些动物更有益于人类。

3. 核能的利用——食品处理

核技术对食品的影响也越来越大，如有些容易腐坏的食品，现今可以通过核放射物处理就不易腐坏。与此同时，专家们利用核技术消灭食物和植物中的病毒和细菌，从而延长食物的有效期。核技术对食品的另一益处是改变植物基因、提高植物质量。伊朗北部古尔冈市农业与自然资源学院的副校长拉希米扬博士说："核技术还能用于改变植物基因，以增加植物的种类，从中挑选优质品种。科学家还能够利用核技术提高农作物的产量和质量，并且能够使农作物抵抗各种灾害。"

4. 核能的利用——其他领域

核能还可以用于其他重要事务，如在核技术的帮助下，可以勘探地下水源，并且在核技术的帮助下发现水坝受损或水坝渗水。此外，核技术还能淡化海水，能扫雷。

综上所述，核能是 20 世纪出现的新能源，核科学技术的发展是人类科技发展史上的重大成就。核能的和平利用，对于缓解能源紧张、减轻环境污染、治疗和预防疾病、处理食品等方面都具有重要的意义。

第二节　核辐射及防护

由于人们对核辐射的了解不够，普遍存在谈核色变和无视过量辐射危害两个极端。更由于放射性已经被广泛应用于医学、农业、食品、天文、地理、考古和探矿等国计民生的多个方面，人们对许多现代生活用品使用过程中是否受到核辐射存在疑虑。事实上，辐射无处不在，人本来就生活在一个充满辐射的世界里，我们吃的食物、住的房屋、天空大地、山川草木乃至人的身体内部都存在放射性核素。这种辐射称为天然本底辐射。除此外人们还会接受天然本底以外的额外辐射，如戴夜光表、做 X 光检查、乘飞机、吸烟、看电视等。公众所受的辐射有 80% 以上来自于大自然，如果没有辐射，生物将无法生存。

一、核辐射

组成世界万物的元素有100多种，每种元素又有两种或多种同位素（原子核中质子相同但中子数不同）。在目前已知的2000多种同位素中，只有少数几百种是稳定的，其余绝大部分都是不稳定的。不稳定的同位素自发地以辐射射线的形式释放原子核内多余的能量，从而衰变成另一种较为稳定的同位素。不稳定同位素的这种性质称为放射性。

放射性物质以波或微粒形式发射出的一种能量就叫核辐射。核爆炸和核事故都有核辐射，核辐射主要是α、β、γ三种射线：α射线是氦核，β射线是电子流，γ射线是一种波长很短的电磁波。辐射分为电离辐射和非电离辐射两类。α射线、β射线、γ射线、X射线、质子和中子等属于电离辐射，而红外线、紫外线、微波和激光则属于非电离辐射。通常将电离辐射简称为辐射或辐射照射。

二、核辐射的种类

人类接受的辐射有两个途径，根据放射源的远近分为内照射和外照射。α、β、γ三种射线由于其特征不同，其穿透物质的能力也不同，它们对人体造成危害的方式不同。α射线只有进入人体内部才会造成损伤，这就是内照射；γ射线主要从人体外对人体造成损伤，这就是外照射；β射线既造成内照射，又造成外照射。图1-8是α、β、γ射线的穿透能力示意图。

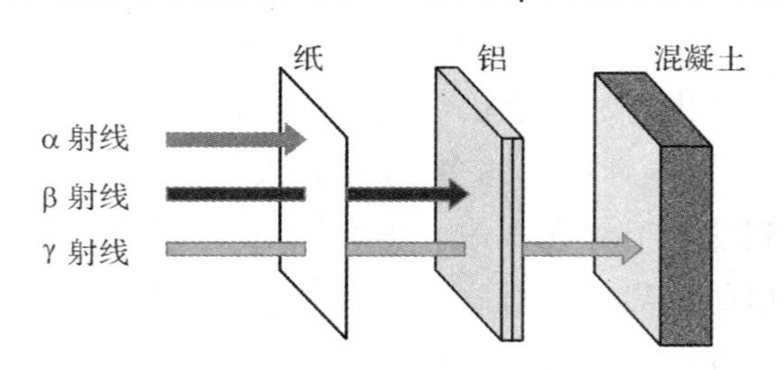

图1-8　α、β、γ射线的穿透能力

人类有史以来一直受着天然电离辐射源的照射，包括宇宙射线、地球放射性核元素产生的辐射等。人类所受到的集体辐射剂量主要来自天然本底辐射（约76.58%）和医疗（约20%），核电站产生的辐射剂量非常小（约0.25%）。在世界范围内，天然本底辐射每年对个人的平均辐射剂量约为 2.4 毫希沃特，有些地区的天然本底辐射水平要比这个平均值高得多。

三、核辐射的危害

各种射线的辐射对各种生物，包括人类都有一个量的规定，在规定量范围内，对各种生物不会造成危害，但是超出规定量的辐射对其附近的各种生物都会造成伤害，如鱼类、鸟类、各种兽类以及各种植物，还会污染水体、土壤、空气，同时通过各生物之间的食物链，又会出现放射物的积累，最终还是会影响人类身体的健康。

α 射线只要用一张纸就能挡住，但吸入体内危害大；β 射线照射皮肤后烧伤明显，这种射线由于穿透力小，影响距离比较近，只要辐射源不进入体内，影响不会太大；γ 射线的穿透力很强，γ 辐射和 X 射线相似，能穿透人体和建筑物，危害距离远。宇宙、自然界能产生放射性的物质不少，但危害都不大，只有核爆炸或核电站事故泄漏的放射性物质才能大范围地对人员造成伤亡。

电磁波是很常见的辐射，对人体的影响主要由功率（与磁场强弱有关）和频率决定。通信用的无线电波是频率较低的电磁波，如果按照频率从低到高（波长从长到短）按次序排列，电磁波可以分为：长波、中波、短波、超短波、微波、远红外线、红外线、可见光、紫外线、X 射线、γ 射线、宇宙射线。以可见光为界，频率低于（波长长于）可见光的电磁波对人体产生的主要是热效应，频率高于可见光的射线对人体主要产生化学效应。

四、核辐射对人类健康的影响

一般来说，当短时辐射量低于 100 毫希沃特时，辐射还无法危害到人的身体；如果短时辐射量超过 100 毫希沃特（mSv）时，就会对人体造成危害；短时辐射量为 100～500 毫希沃特时，血液中白细胞数在减少，但没有疾病的感觉；短时辐射量为 1000～2000 毫希沃特时，辐射会导致轻微的射线疾病，如疲劳、呕吐、食欲减退、暂时性脱发、红细胞减少等；短时辐射量为 2000～4000 毫希沃特时，人的骨髓和骨密度遭到破坏，红细胞和白细胞数量极度减少，有内出血、呕吐等症状；短时辐射量大于 4000 毫希沃特时将直接导致人死亡。

人体一年可承受的最大辐射大致为1000微希沃特。

图1-9表述了不同辐射值对人体的危害情况。

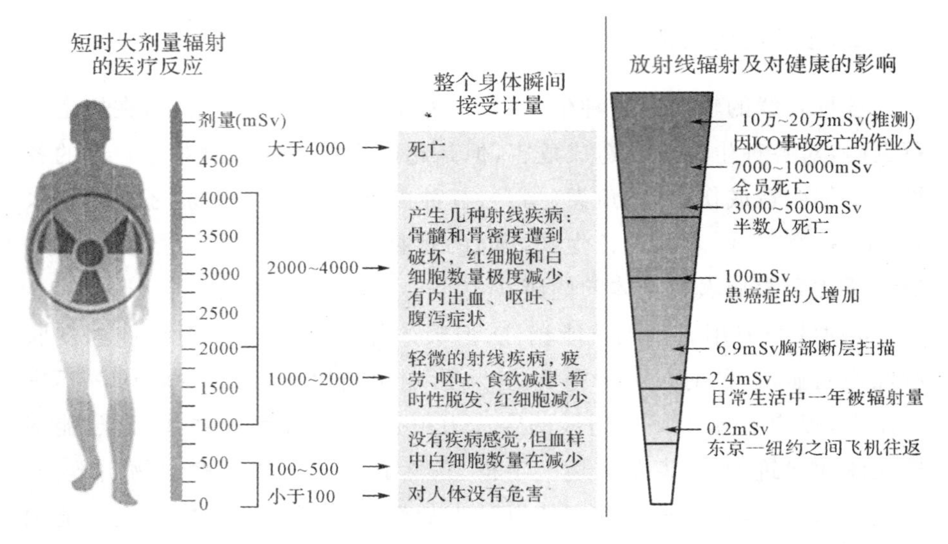

图1-9　不同辐射值对人体的危害

【资料链接】

日本福岛第一核电站反应堆发生爆炸后核辐射实时测量值

2011年3月16日上午10时，日本福岛第一核电站第3号反应堆发生了爆炸。福岛第一核电站正门核辐射实时测量为：γ射线2672微希沃特/小时，近似于进行了2次X光检查。3月15日，东京的核辐射测量值为0.809微希沃特/小时，近似于在东京目前的环境下待1年所接受的辐射量略大于一次胸部X光扫描，不会对人体造成伤害。

五、辐射防护的原则

人们在对辐射产生健康危害的机理进行大量的理论和实验研究基础上，建立了有效的辐射防护体系，并不断加以发展和完善。目前，国际上普遍采用的辐射防护的三个原则是：实践的正当性，防护水平的最优化和个人剂量限值。实践的正当性要求任何伴有辐射的实践所带来的利益应当大于其可能产生的危害；防护水平的最优化是指在综合考虑社会和经济等因素之后，将辐射危害保持在合理可行、尽量低的水平上；规定个人剂量限值的目的是为了保证社会的每个成员都不会受到不合理的辐射照射。国际基本安全标准规定公众受照射的个人剂量限值为1毫希沃特/年，而受职业照射的个人剂量限值为20毫希沃特/年。

六、核辐射的防护

根据核辐射危害的作用方式和特点，采取有针对性的防护措施。

1. 外照射的防护方法

体外辐射源对人体的照射称为外照射。外照射防护的原则是尽量减少人体受到照射的剂量，把它控制在剂量当量限值以下。在确定辐射源的情况下，决定人体受到照射剂量的大小的因素是离辐射源的距离、照射时间和屏蔽情况。因此，外照射的防护一般利用“距离”、“时间”和“屏蔽”三种方法加以考虑：

(1)增大与辐射源间的距离。对于核辐射“点”源，辐射强度与距离的平方成反比。因此，增大人体与辐射源间的距离是降低人体受照射剂量简单有效的途径。

(2)缩短辐射照射的时间。在相同的核辐射场中，人体受辐射照射时间越长，接受的剂量也越大。对于辐射防护来说，在一切接触到核辐射的环境中，都应以尽量缩短受照时间为原则。

(3)屏蔽。核辐射通过物质层时由于电离碰撞或其他作用过程而被吸收，射线强度被减弱。因此，根据辐射源的性质，在其周围加上一层合适的和足够厚的屏蔽材料，在辐射源和救援人员之间设置屏蔽层，“阻挡”或“减弱”核辐射粒子对人体的照射。如：避免淋雨；尽量减少裸露部位；穿长衣(白色为好)；戴帽子、头巾、眼镜、雨衣、手套和靴子等(脖子(甲状腺)部位尤其重要)。

2. 内照射的防护方法

进入人体内的放射性核素作为辐射源对人体的照射称为内照射。由于直接吸入承载放射性物质以及通过口腔咽下或通过皮肤、伤口使放射性物质进入体内，造成内照射的危害。因此，内照射可通过减少放射源数量，包括大气、人体或物体表面的辐射量；穿戴防护衣，防止皮肤直接接触辐射源；戴正压呼吸面具或气衣，防止吸入放射性微尘；禁止在控制区吃、喝、吸烟，限制食入放射性物质的途径；避免带有裸外伤进入辐射控制区等方式进行防护。

七、核电站对核辐射的监测

核电站在设计、建造和运行时处处都考虑了对核辐射的防护。为了做到万无一失，核电站还对核辐射进行严密的监测。在核电站内部装设有许多监测探头，一旦发生异常，中央控制室就会发生警报，值班人员就会及时采取应对措施。在核电站以外的几十米到几千米内都设有辐射监测点进行严密的监测。必要时监测车、监测船和航测飞机做流动巡回监测，取样分析空气、水、土壤中的放射性以及粮食、牛奶和海产品中的放射性水平。

2008年，国家海洋局相关部门开展了秦山邻近海域生态调查，并与1989—1990年和1995—1996年的秦山核电站邻近海域零点生态调查结果进行了比较。结论认为，秦山核电的运行没有给杭州湾海域的环境生态和水质带来可以察觉的变化。秦山核电基地10千米范围内的12座监测站的监测数据表明秦山核电基地附近的天然环境放射性水平与建造前的本底数据相比没有发生任何变化。

核能发电是目前核能和平利用的最主要的方式。在正常运行情况下，核电站对周围公众产生的辐射剂量远远低于天然本底的辐射水平。在我国，国家核安全法规要求核电站在正常运行工况下对周围居民产生的年辐射剂量不得超过0.25毫希沃特，而核电站实际产生的辐射剂量远远低于这个限值。大量的研究和调查数据表明，核电站对公众健康的影响远远小于人们日常生活中所经常遇到的一些健康风险，例如吸烟和空气污染等。因此，核电站在正常运行情况下的环境安全性已被人们所广泛接受。

【想一想】

1.核变化有哪几种类型?

2.核能有哪些优越性?

3.目前,核能有哪些应用?

4.你是否用"CT"或"核磁共振"检查过身体,检查时为什么陪伴者要离开检查室?

第二章　核电站基本知识

第一节　我国核电站建设情况

我国核电站建设突飞猛增，截至2015年1月，已建成并投入运营的核电站有4个，正在建设的核电站有13个，正在筹建中的核电站有25个。

一、已运营核的电站

我国已全部建成并投入运营的核电站有4个。

1. 浙江秦山核电站

秦山核电站位于浙江省海盐县秦山双龙岗，面临杭州湾，背靠秦山；这里风景似画，水源充沛，交通便利，又靠近华东电网枢纽，是建设核电站的理想之地。秦山核电站是我国第一座自己研究、设计和建造的核电站，一期工程额定发电功率30万千瓦，采用国际上成熟的压水型反应堆，1984年破土动工，1991年12月15日并网发电，设计寿命30年，总投资12亿元。图2-1是秦山核电基地示意图。

一期建成后不久，秦山核电站又先后开工建设了二期和三期工程，并引进国外技术力量和国内地方政府资本参与建造。二期工程依然由中国自主承担设计、建造和运营任务，采用压水型反应堆技术，原计划建设2台60万千瓦发电机组，后扩建了2台机组，1号、2号机组分别于2002年2月并网发电，2004年3月并网发电，3号机组于2010年10月并网发电，

图 2-1　秦山核电基地示意图

4 号机组于 2012 年 4 月并网发电。三期工程由中国和加拿大政府合作，采用加拿大提供的重水型反应堆技术，建设 2 台 70 万千瓦发电机组。三期 1 号机组于 2002 年 11 月并网发电，2 号机组于 2003 年 6 月并网发电。至此秦山核电站的总装机容量达 410 万千瓦，已成为中国一处大型的核电基地。

秦山核电站的建成结束了我国大陆无核电的历史，自投产以来，机组运行一直处于良好状态，成为中国自力更生和平利用核能的典范。经过二十多年的安全稳定运行，秦山地区尚未发现因核电站运行引起的放射性污染，周围地区民众对秦山核电站给予了良好的评价。

方家山核电工程是秦山一期核电工程的扩建项目，于 2008 年 12 月 26 日正式开工建设。方家山核电工程规划容量为 2 台百万千瓦级压水堆核电机组，采用二代改进型压水堆技术，国产化率达到 80%以上，工程的建设实现了从 30 万千瓦到 100 万千瓦核电自主发展的重大跨越。2 台机组分别于 2014 年 11 月和 2015 年 1 月并网发电。至此秦山核电基地 9 台核电机组全部并网发电，总容量达到 630 万千瓦。图 2-2 是方家山核电站模型。

图 2-2　秦山一期核电工程的扩建项目——方家山核电站模型

2. 广东大亚湾核电站

大亚湾核电站位于广东省深圳市东部大亚湾畔，是我国大陆建成的第二座核电站，也是大陆首座使用国外技术和资金建设的核电站。最初，建设大亚湾核电站的目的是为了向香港供电。1980 年年初，香港的电力供应曾一度紧张，为抓住此商机，水利电力部和广东省政府计划在靠近香港、广州、深圳等电力负荷中心的深圳市大鹏镇境内建设一座核电站，因选址在大亚湾畔的岭澳村，故命名为大亚湾核电站。该电站引入香港的供电商参股，并将所发电力的大部分售予香港。但在筹备期间，先后发生了大量香港民众集会反对建设核电站，而延迟了核电站的建设。为消除各方顾虑，核电站引进了法国的核岛技术装备和英国的常规岛技术装备进行建造和管理，并由一家美国公司提供质量保证。历经种种坎坷之后，大亚湾核电站终于在 1987 年开工，使用压水型反应堆技术，安装 2 台 90 万千瓦发电机组，1 号机组于 1993 年 8 月并网发电，2 号机组于 1994 年 2 月并网发电。图 2-3 是大亚湾核电站全景。

图 2-3　大亚湾核电站全景

3. 广东岭澳核电站

在大亚湾核电站建成后，中国政府决定在大亚湾核电站以西 1000 米处继续建造一座新的核电站，定名为岭澳核电站。图 2-4 是岭澳核电站全景。

图 2-4　岭澳核电站全景

岭澳核电站位于深圳龙岗区大鹏镇，分为一期和二期。

岭澳核电站一期是中国广核集团按照国务院确定的“以核养核，滚动发展”方针，继大亚湾核电站投产后，在广东地区兴建的第二座大型商用核电站，由岭澳核电有限公司建设与经营。中国核工业集团公司占股比45%。岭澳核电站一期拥有2台装机容量100万千瓦的压水堆核电机组，主体工程1997年5月开工，1号机组于2002年2月并网发电，2号机组于2002年9月并网发电。

岭澳核电站二期是继大亚湾核电站、岭澳核电站一期后，在广东地区建设的第三座大型商用核电站。建于一期工程与大亚湾核电站之间，项目规划建设2台百万千瓦级压水堆核电机组。2004年3月，岭澳二期被列为国家核电自主化依托项目；2004年7月，国务院批准建设；2005年12月正式开工；1号机组于2010年7月并网发电，2号机组于2011年5月并网发电。岭澳核电站二期工程核岛及相关设计由中核集团第二研究设计院总承包，核岛主回路设计由中核集团中国核动力研究设计院承担。通过岭澳二期项目建设，中国加快全面掌握第二代改进型百万千瓦级核电站技术，基本形成百万千瓦级核电站设计自主化和设备制造国产化能力，为高起点引进、消化和吸收第三代核电技术打下坚实的基础。

4. 北京中国实验快堆

中国实验快堆（CEFR）位于北京市房山区，是中国第一座快中子反应堆。该反应堆由中核集团中国原子能科学研究院自主研发。2010年7月21日上午9点50分，中国实验快堆达到首次临界。2011年7月22日完成40%功率并网发电24小时的预定目标，使中国成为世界上少数几个拥有快堆技术的国家之一。图2-5是中国实验快堆全景。

快堆是快中子增殖堆的简称，是第四代核能系统的优选堆型。快堆可将天然铀资源的利用率从压水堆的1%提高到60%～70%，可充分有效利用中国铀资源，对中国核电持续稳定发展具有重大战略意义。快堆还可以嬗变压水堆产生的长寿命废弃物，使得核能对环境更加友好。

中国实验快堆是中国快中子增殖反应堆（快堆）发展的第一步。中国第一个由快中子引起核裂变反应的中国实验快堆，是世界上为数不多的大功率、具备发电功能的实验快堆，其主要系统设置和参数选择与大型快

图 2-5　中国实验快堆全景

堆电站相同。2010 年 7 月成功实现并网发电，标志着国家“863”计划重大项目目标的全面实现，列入国家中长期科技发展规划前沿技术的快堆技术取得重大突破；也标志着中国在占领核能技术制高点，建立可持续发展的先进核能系统上跨出了重要的一步。

二、建设中的核电站

我国正在建的核电站有 13 个，其中 5 个已有机组并网发电。

1. 辽宁红沿河核电站

辽宁红沿河核电站位于辽东半岛南部的瓦房店市东岗镇，站址三面环海，位于二级海蚀阶地之上，地势高差起伏较小，大部分地段平坦开阔。核电站距复州城约 22 千米，距瓦房店火车站约 50 千米，距大连市区约 150 千米，是我国东北地区第 1 个核电站，同时也是我国首次一次统一 4 台 100 万千瓦级核电机组标准化、规模化建设的核电项目。总投资约 500 亿元，辽宁红沿河核电站项目由中国广东核电集团公司、中国电力投资集团公司和大连市建设投资公司投资组建，该项目采用国内首个具有自主品牌的 CPR1000 核电技术路线。2006 年 6 月，一期工程核岛负挖正式开工，1 号机组于 2013 年 2 月 17 日并网发电，2 号机组于 2013 年 11

月23日并网发电，其他机组将在2015年全部建成发电。

2010年7月红沿河核电站二期基础工程开工，二期工程建设2台百万千瓦级核电机组，投资250亿元，从而成为全球在建机组最多的核电项目。红沿河核电站将于2016年全部建成，建成后年发电量为450亿千瓦时。图2-6是红沿河核电站模型。

图2-6　红沿河核电站模型

2. 江苏田湾核电站

田湾核电站位于江苏省连云港市连云区高公岛乡柳河村田湾，于1999年10月20日正式开工建设，一期工程建设2台单机容量106万千瓦的俄罗斯AES—91型压水堆核电机组，设计寿命40年，年发电量达140亿千瓦时。田湾核电站是中俄两国在加深政治互信、发展经济贸易、加强两国战略协作伙伴关系方针推动下，在核能领域开展的高科技合作，是两国间迄今最大的技术经济合作项目，也是我国“九五”开工的重点核电建设工程之一。图2-7是田湾核电站一期全景。

田湾核电站1号机组于1999年10月20日浇筑第一罐混凝土，2005年10月18日开始首次装料，12月20日反应堆首次达到临界，2007年5月17日正式投入商业运行。

田湾核电站2号机组于2000年9月20日浇筑第一罐混凝土，2007

图 2-7　田湾核电站一期全景

年 5 月 1 日反应堆首次达到临界，5 月 14 日首次并网成功。截至 2007 年 7 月 2 日 24 时，2 号机组累计发电量 3.32 亿千瓦时，累计上网电量 2.96 亿千瓦时。2 号机组于 2007 年 8 月 16 日投入商业运行。

1 号、2 号机组投入商业运行后创造了第一个燃料循环均未发生停机或停堆事件的良好运行记录。2 台机组在运行和大修期间，辐射防护措施有效，个人和集体剂量得到有效控制，三废排放远低于国家控制标准，机组各项性能指标优良，创造了良好的运行业绩、经济效益和社会效益。

2008 年 11 月 6 日中俄总理第十二次定期会晤期间，在国务院总理温家宝和俄罗斯总理祖布科夫见证下，江苏核电有限公司(JNPC)总经理蒋国元和俄罗斯原子能建设出口公司(ASE)总裁什马特科签订了合作建设田湾核电站扩建项目原则协议。田湾核电站二期工程于 2012 年 12 月浇灌了第一罐混凝土，这标志着田湾核电站二期工程正式开工建设。二期工程将建设 3 号、4 号 2 台机组，单台机组发电功率 110 万千瓦，建设工期 62 个月。随着田湾核电站二期建设，该核电站整体容量将实现倍增。

田湾核电站计划建设 8 台核电机组，总容量达到 1000 万千瓦。

3. 福建宁德核电站

福建宁德核电站位于福建省宁德市福鼎市秦屿镇的备湾村，距福鼎市区南约 32 千米，东临东海，北临晴川湾，是我国第一个在海岛上建设的核电站。宁德核电站由中国广核电集团有限公司、中国大唐集团公司和福建省煤炭工业(集团)有限责任公司共同投资、建设和运营,总投资约500亿元人民币,采用我国自主品牌的CPR1000核电技术,设备国产化比例将不低于80%。一期4台机组工程总投资约512亿元,1号机组于2012年12月28日并网发电,2号机组于2014年1月4日并网发电,3号、4号机组争取在2015年并网发电。

4台机组建成后,年发电量预计将达到300亿千瓦时。图2-8是宁德核电站模型。

图2-8　宁德核电站模型

4.福建福清核电站

福清核电站位于福建省福清市三山镇前薛村。福清百万千瓦核电机组是目前中国自主化、国产化程度最高的核电机组,安全性非常可靠。福清核电站,可望成为我国核电发展技术水平、管理模式提升的一个符号,也将是我国核电迈入发展快车道的一个缩影。

福清核电项目规划建设6台百万千瓦级压水堆核电机组(M310加改进堆型),综合国产化率达75%,总投资近千亿元。项目单台机组建设周期60个月,6台机组间隔10个月连续建设。2008年11月21日,中共中央政治局常委、国务院副总理李克强宣布项目正式开工建设。福清核电站1号机组于2014年8月20日并网发电,2号机组将于2015年8月并网发电。一期工程建成发电,每年至少可减少二氧化碳排放1600吨,减少 10 万吨火力发电用煤的灰渣以及大量二氧化硫、二氧化氮等排放。6 台机组计划在 2018 年全部建成投产，至少可拉动地方经济 3000 亿元的投资和增加 3 万人的就业。福清核电站 6 台机组连续建设还将为中国核电站群堆建设以及核电批量化、规模化发展打下坚实的基础。图 2-9 是福清核电站模型。

图 2-9　福清核电站模型

5. 广东阳江核电站

阳江核电站位于粤西沿海的阳江市阳东县东平镇沙环村，距阳江市 35 千米，距湛江市 205 千米，距珠海市 150 千米，距广州市 189 千米。总投资近 700 亿元人民币，是国家确定"积极推进核电建设"方针后，中国广东核电集团继岭澳核电站二期、大连红沿河核电站、福建宁德核电站之后建设的第四座核电站，项目采用中国自主品牌核电技术——CPR1000，进行标准化、批量化建设。作为我国一次核准开工建设容量最大的核电项目，阳江核电站工程建设 6 台百万千瓦级核电机组。1 号、2 号机组建造工期为 56 个月，3 号至 6 号机组建造工期为 54 个月。阳江核电站首台机组于 2013 年 2 月并网发电，6 台机组将在 2017 年全部完成建设，预计每年上网电量为 450 亿千瓦时。图 2-10 是阳江核电站模型。

图 2-10　阳江核电站模型

6. 广东台山核电站

台山核电站位于广东台山市赤溪镇腰古村，是迄今为止中法两国在核能领域的最大合作项目，也是我国首座、全球第三座采用 EPR 三代核电技术建设的大型商用核电站。该核电项目规划建设 6 台核电机组，一期工程建设 2 台欧洲压水堆（EPR）机组。台山核电站一期工程于 2009 年 12 月 21 日开工建设。图 2-11 是台山核电站模型。

台山核电站一期工程建设的 2 台 EPR 型压水堆核电机组，单机容量 175 万千瓦，是目前世界上单机容量最大的核电机组。单台机组建设工期 52 个月，首台机组将于 2015 年并网发电。该工程为中法合资项目，总投资约 500 亿元。台山核电站作为一个中外共同开发建设的第三代核电技术项目，其核岛设计供货由法国阿海珐集团与中国广核工程公司、中国广核设计公司组成的联合体承担，中方承担的设计工作和供货份额超过 50%，主设备本地化比例达到 50%；汽轮发电机组由中国东方电气集团与法国阿尔斯通公司（ALSTOM）提供，其中中方份额达到 2/3；常规岛设

图 2-11　台山核电站模型

计供货由中国广核工程公司牵头，与中国广核设计公司、阿尔斯通公司及广东电力设计院组成联合体承担；电站辅助设施的设计供货由中国广核工程公司承担。项目业主广东台山核电有限公司承担工程项目管理和生产运营，并联合国内施工单位和中国广核工程公司完成设计、施工和调试等工作。通过中外双方共同建设模式，台山核电项目将加快实现 EPR 三代核电机组在设计、设备制造、建安施工、调试和运营等全方位的自主化目标，为积极推进我国核电建设做出新的贡献。

7. 海南昌江核电站

海南昌江核电站位于海南岛西海岸的昌江县海尾镇塘兴村境内，海南昌江核电站是中国最南端的核电站。昌江核电站濒临北部湾，处于海南省西部工业走廊带，厂址东北距詹洲市约 70 千米，东南距昌江县城约 30 千米，西南距东方市约 51 千米，东北距海口市约 160 千米，东南距三亚市约 150 千米。海南昌江核电项目由中国核工集团公司、中国华能集团公司共同出资建设，总投资近 190 亿元，一期工程 1 号机组和 2 号机组分别于 2010 年 4 月 25 日和 2010 年 11 月 21 日正式开工，计划于 2015 年并网发电。一期 2 台机组建成后，将每年为海南提供 100 亿度电，将占海南省电力供应的 30%左右，年产值 40 亿元。

海南昌江核电项目以秦山核电二期工程为参考，采用中核集团自主研发具有中国自主知识产权的压水堆核电机组技术，CNP600 是成熟的国产二代改进型核电技术，综合国产化率达到 75%以上，具有可靠的技术安全性。规划建设2台核电机组,可扩展为4台机组,单机容量为65万千瓦,设计寿命40年,与海南电网需求十分适应。该项目核电设备国产化比例高,巩固了第二代改进型核电设备的国产化成果,降低制造成本。

海南昌江核电工程是海南历史上投资最大、技术先进、工艺环保的能源建设项目,被誉为“海南省能源建设一号工程”。海南昌江核电工程项目投产后,将大大缓解海南省一次能源短缺问题,保障海南电力供应的稳定、安全和可持续性,并优化海南省能源结构。图2-12是昌江核电站全景。

图2-12　昌江核电站全景

8. 广西防城港核电站

广西防城港核电站位于广西壮族自治区防城港市港口区光坡镇东面约8千米的红沙湾,东临钦州湾,西为老虎港,地处钦州湾盆地西北边缘。厂址距北海市城区约60千米,距广西首府南宁市约130千米,距钦州市城区约32千米,距钦州市龙门港镇约9千米,距防城港市城区约25千米。核电站以岭澳核电站为参考电站,按“翻版加改进”方式规划建设容量为6台百万千瓦级CPR1000第二代改进型压水堆机组,一次规划、分期建设，总投资约700亿人民币，由由中国广东核电集团有限公司和广西投资集团合资组建的防城港核电有限公司负责建设和运行，一期建设2台CPR1000第二代改进型压水堆机组，1号机组预计于2015年建成投入商业运行。

广西防城港核电站是中国西部第一座核电站，防城港核电站的建设为我国核电西进迈出了重要的一步。图2-13是防城港核电站模型。

图2-13　防城港核电站模型

9.浙江三门核电站

三门核电项目是国务院正式批准实施的首个采用世界最先进的第三代先进压水堆核电(AP1000)技术的依托项目，厂址位于浙江省东部沿海的台州市三门县，坐落在三门县六敖镇猫头山半岛上，北距杭州市171千米，东邻宁波市83千米，西靠台州市51千米，南离温州市150千米。

2004年7月，位于浙江南部的三门核电站一期工程建设获得国务院批准。这是继中国第一座自行设计、建造的核电站——秦山核电站之后，获准在浙江省境内建设的第二座核电站。三门核电站总占地面积740万立方米，可分别安装6台100万千瓦核电机组，全面建成后，装机总容量将达到1200万千瓦以上，超过三峡电站总装机容量。一期工程总投资

400多亿元人民币，将首先建设2台目前国内最先进的100万千瓦级压水堆技术机组，1号机组将于2015年并网发电。图2-14是三门核电站模型。

图2-14　三门核电站模型

【资料链接】

三门核电成长足迹

1983年，三门厂址被列入国家规划内的核电预选厂址。

2000年12月，中国核工业集团公司与浙江省人民政府商定联合上报《浙江三门核电一期工程项目建议书》。

2001年2月20日，中国核工业集团公司和浙江省人民政府共商成立了浙江三门核电项目建议书筹备处。

2002年9月1日，“四通一平”工程正式开工。

2004年9月1日，国家发改委正式批复三门核电一期工程项目建议书。

2005年4月17日三门核电有限公司全面完成工商注册，并在三门县举行公司成立庆祝仪式。

2007年7月24日，三代核电自主化依托项目核岛合同在京签署，全球首台AP1000核电机组落户三门。

2007年9月28日，一期工程常规岛设备合同和常规岛设计合同在京签署。

2007年10月8日，三门核电有限公司自海盐县整体搬迁至三门现场办公。

2007年12月31日，一期工程进入项目启动(ATP)阶段。

2008年2月26日，一期工程负挖提前一个月正式开工。

2009年3月29日至31日，1号机组核岛浇筑第一罐混凝土。

2009年4月19日，李克强宣布三门核电一期工程正式开工。

2009年6月29日，1号机组CA20模块吊装成功。

2009年7月20日至23日，1号机组常规岛浇筑第一罐混凝土。

2009年12月15日，2号机组核岛开工。

2009年12月21日，1号机组核岛钢制安全壳底封头吊装就位。

2010年3月18日，1号机组钢制安全壳筒体第1环吊装就位。

2010年3月27日，1号机组核岛最重、最核心的结构模块——CA01模块吊装成功。

2010年5月16日，2号机组常规岛浇筑第一罐混凝土。

2010年5月31日，1号机组钢制安全壳筒体第2环成功吊装就位。

2010年6月13日，2号机组钢制安全壳底封头吊装成功。

2010年6月27日，2号机组CA20模块整体吊装成功。

……

2011年6月16日，1号机组CV顶封头钢结构支架拼装、运输钢结构托架预制安装工作完成。

2013年1月29日1号机组核岛钢制安全壳容器顶封头成功整体吊装就位，如图2-15。

2013年6月30日，1号机组汽轮机高压缸上半缸吊装就位。

2013年7月1日，2号机组稳压器运抵现场。

2013年11月23日，1号机组顺利完成了核岛厂房穹顶吊装。

2014年05月12日，三门核电1号机500千伏GIL交流耐压试验完成。

图 2-15　三门核电 1 号机组核岛钢制安全壳容器顶封头整体吊装现场

2014 年 5 月 15 日，一回浦 500 千伏双回输电线路工程正式投运。

2014 年 7 月 24 日，2 号机组核岛箱罐区域凝结水罐内浮顶安装工作全面完成。

2014 年 8 月 6 日，2 号反应堆压力容器通过验收，交付三门核电站。

2014 年 11 月 28 日，AP1000 全球首堆首批操纵员取照考试结束，历时共 25 天。

……

三门核电站采用一次性规划，分三期建设，将于 2020 年前全部建成。

10. 山东海阳核电站

海阳核电站位于山东省海阳市留格庄镇冷家庄，地处三面环海的岬角东端，占地面积 2256 亩，总投资 800 亿元。核电站规划建设 6 台百万千瓦级压水堆机组，留有 2 台扩建余地，总装机容量 870 万千瓦。其中，一期工程建设 2 台美国西屋公司第三代核电技术 AP1000 百万千瓦级压水堆核电机组，预计投资达到 400 亿元人民币，首台机组计划于 2016 年投入商业运营。图 2-16 是海阳核电站全景。

海阳核电站全部建成之后，将成为迄今为止中国最大的核能发电项目，同时，将改善山东的供电状况，促进地方经济快速的发展。

图 2-16　海阳核电站全景

11. 山东石岛湾核电站

石岛湾核电站位于山东省威海市荣成市石岛管理区宁津街道办事处，厂址距荣成市 23 千米，距威海市约 68 千米，距烟台市约 120 千米，距青岛市约 185 千米。石岛湾高温气冷堆核电站是全球首座将四代核电技术成功商业化的示范项目，也是我国第一座高温气冷堆示范电站，规划容量为 900 万千瓦，包括 380 万千瓦高温气冷堆核电机组和 500 万千瓦压水堆核电机组。石岛湾核电站是中国“十二五”获批的第一个核电项目；一期工程建设 1×20 万千瓦级高温气冷堆核电机组，计划投资额约为 30 亿元，于 2017 年底前投产发电；规划容量约 660 万千瓦，项目总投资约 1500 亿元；远期规划容量将达到 900 万千瓦；建设周期长达 20 年。图 2-17是石岛湾核电站全景。

图 2-17　石岛湾核电站全景

12. 山东国核示范电站

山东国核示范电站位于山东省威海市荣成石岛湾，拟建设国内具有独立自主知识产权的第三代非能动核电示范机组 CAP1400 型压水堆核电机组，设计寿命 60 年，单机容量 140 万千瓦。CAP1400 型压水堆核电机组是在消化、吸收和全面掌握我国引进的第三代先进核电 AP1000 非能动技术的基础上，通过再创新开发出具有我国自主知识产权、功率更大的非能动大型先进压水堆核电机组。2013 年 1 月发布开工命令，2014 年 4 月浇灌第一罐混凝土(FCD)，将于 2019 年投入商业运行。图 2-18 是山东国核示范电站模型。

国核示范电站有限责任公司由国有大型骨干企业国家核电技术公司和中国华能集团公司出资设立、按照现代企业制度建立的大型核电企业，由国家核电技术公司控股，全面负责国家大型先进压水堆重大专项示范工程 CAP1400 和后续 CAP1700 的建设和运营，该示范工程是国家《国家科学和技术中长期发展规划纲要(2006—2020 年)》确定的 16 个重大科技专项之一。

图 2-18　山东国核示范电站模型

13. 辽宁徐大堡核电站

辽宁徐大堡核电站位于辽宁省葫芦岛市兴城海滨乡徐大堡村南侧海岸边，厂区距兴城市 32 千米，距葫芦岛市 46 千米。徐大堡核电站规划建设 6 台百万千瓦压水堆核电机组，其中一期建设 2 台百万千瓦核电机组。一期工程建设 2 台 AP1000 压水堆核电机组及相应配套设施，参照浙江三门核电站，设计寿命 60 年，工程总投资为 407 亿元。六个机组如果全部建成总投资 900 多亿元。2014 年 6 月 30 日开工浇灌第一罐混凝土，1 号、2 号机组将在 2019 年建成投产。图 2-19 徐大堡核电站模型。

徐大堡核电站的建设这对于促进老工业基地振兴，增加能源供给，提高辽宁省电力工业装备水平均具有非常重要意义。此外，辽宁徐大堡核电站地处华北电网与东北电网的结合部，对于优化电网结构，保障两大区域电网安全供电也将发挥重要作用。

图 2-19　徐大堡核电站模型

三、筹建中的核电站

我国正在筹建中的核电站有 25 个。已在运行或正在建设中的核电站均分布在沿海地区，而正在筹建的核电站向内陆地区延伸。

1. 湖南桃花江核电站

湖南桃花江核电站位于湖南省益阳市桃江县沾溪乡荷叶山，资水右岸，规划容量为 4 台 AP1000 压水堆核电机组，分期开工建设。图 2-20 是湖南桃花江核电站的模型。

图 2-20　湖南桃花江核电站模型

2. 湖南小墨山核电站

湖南小墨山核电站位于湖南省华容县东山镇塔市驿管理区杨家湾村小墨山北坡。规划容量为4台百万千瓦级压水堆核电机组，分期建设，一期工程建设2台百万千瓦级压水堆核电机组。图2-21是湖南小墨山核电站的模型。

图2-21　湖南小墨山核电站模型

3. 河南南阳核电站

河南南阳核电站位于河南省南阳市南召县鸭河口水库南岸，规划建设6台百万千瓦级压水堆核电机组，一次规划、分期建设，图2-22是河南南阳核电站的模型。

图2-22　河南南阳核电站模型

4. 江西瑞金核电站

2013 年 10 月，中国核工业建设集团公司下属的核建清洁能源有限公司与江西省瑞金市人民政府签订了战略合作框架协议，并成立江西瑞金核电筹备处。按照协议，核建能源将在瑞金选址投资建设具有我国完全自主知识产权和第四代核电技术特征的高温气冷堆核电站。图 2-23 是江西瑞金核电站的模型。

图 2-23　江西瑞金核电站模型

5. 江西彭泽核电站

江西彭泽核电站位于江西省九江市彭泽县马当镇境内，规划建设 4 台 125 万千瓦级第三代 AP1000 压水堆核电机组。图 2-24 是江西彭泽核电站的模型。

图 2-24　江西彭泽核电站模型

6. 广东陆丰核电站

广东陆丰核电站位于广东省海丰县鲘门镇百安村，规划容量为 6 台百万千瓦级核电机组，拟分期建设。图 2-25 是广东陆丰核电站的模型。

图 2-25　广东陆丰核电站模型

7. 福建三明核电站

福建三明核电站位于福建省三明市将乐县高唐镇上坊村，规划建设4台百万千瓦级压水堆核电机组。图2-26是福建三明核电站的模型。

图2-26　福建三明核电站模型

8. 安徽芜湖核电站

安徽芜湖核电站位于安徽省芜湖市繁昌县荻港镇芭茅山，规划建设4台100万千瓦级压水堆核电机组，一次规划，分期建设。图2-27是安徽芜湖核电站的模型。

图2-27　安徽芜湖核电站模型

9. 广西白龙核电站

广西白龙核电站位于广西壮族自治区防城港市防城区江山半岛端部白龙尾，规划建设 6 台百万千瓦级核电机组，计划分两到三期建设。图 2-28 是广西白龙核电站一期工程筹建处挂牌仪式。

图 2-28　广西白龙核电站一期工程筹建处挂牌仪式

10. 辽宁东港核电站

辽宁东港核电站位于辽宁省东港市境内，计划安装 6 台百万千瓦压水堆核电机组。图 2-29 是辽宁东港核电项目框架协议签字仪式。

图 2-29　辽宁东港核电项目框架协议签字仪式

11. 浙江龙游核电站

浙江龙游核电站也称为浙西核电站，位于浙江省龙游县团石湾，规划采用冷却塔二次循环冷却方式建设4台百万千瓦级AP1000型压水堆核电机组。图2-30是浙江龙游核电站的模型。

图2-30 浙江龙游核电站模型

12. 浙江苍南核电站

浙江苍南核电站位于浙江省温州市苍南县霞关镇东北面的小漕村，规划建设规模容量为6台百万千瓦级压水堆核电机组，一期工程先建设2台机组，一次规划，分期建设完成。图2-31是浙江苍南核电站可行性研究水文专用站评审会现场。

筹建中的核电站还有：

(1)湖北大畈核电站，位于湖北省通山县大畈镇。

(2)湖北松滋核电站，位于湖北省松滋市北部陈店镇内的马峪河林场。

(3)湖北浠水核电站，位于湖北省浠水县清泉镇马畈村。

(4)广西红沙核电站，位于广西壮族自治区防城港市港口区光坡镇红沙村。

(5)重庆涪陵核电站，位于重庆市涪陵区南沱镇的长江南岸，隶属涪陵区南沱镇管辖。

图 2-31　苍南核电站可行性研究水文专用站暨综合水文测验两纲评审会现场

(6)四川三坝核电站,位于四川省南充市蓬安县三坝乡境内。

(7)安徽吉阳核电站,位于安徽省池州市东至县长江南岸胜利镇吉阳村。

(8)福建漳州核电站,优先候选厂址为福建省漳州市云霄县列屿镇刺仔尾。

(9)广东揭阳核电站,位于揭阳市惠来县仙庵镇东北约 6 千米的乌屿沿海处。

(10)广东韶关核电站,选址初定在曲江区白土镇。

(11)广东肇庆核电站,中广核电集团推荐广东省肇庆市德庆县柳树垌作为肇庆核电优选厂址。

(12)吉林靖宇核电站,位于吉林省东南部白山市靖宇县赤松乡岗顶村南侧。

(13)黑龙江佳木斯核电站,黑龙江省人民政府与中国广东核电集团有限公司已签订合作开发建设黑龙江能源项目框架协议。

第二节　核电站的分类

核电站按照不同标准可分为不同的类别,我们将按反应堆形式和发展进程为标准对核电站进行分类介绍。

一、核电站按照反应堆形式分类

1. 压水堆核电站

以压水堆为热源的核电站。它主要由核岛和常规岛组成。压水堆核电站核岛中的四大部件是蒸汽发生器、稳压器、主泵和堆芯。在核岛中的系统设备主要有压水堆本体，一回路系统，以及为支持一回路系统正常运行和保证反应堆安全而设置的辅助系统。常规岛包括汽轮机组及二回路等系统，其形式与常规火电厂类似，如图 2-32 所示。秦山核电站一期、秦山核电站二期、广东大亚湾核电站、广东岭澳核电站及三门核电站一期都是压水堆核电站，目前，压水堆核电站约占世界核电总装机容量的 70%。

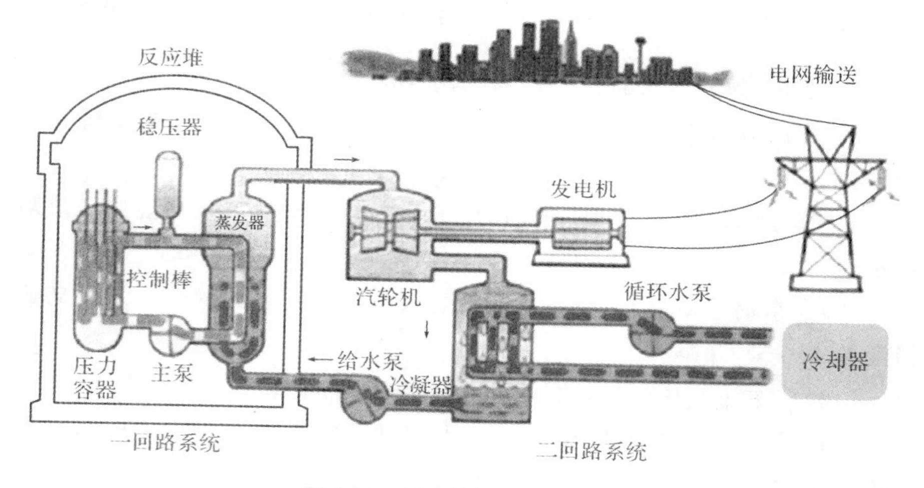

图 2-32　压水堆核电站的结构

2. 沸水堆核电站

以沸水堆为热源的核电站。沸水堆是以沸腾轻水为慢化剂和冷却剂，并在反应堆压力容器内直接产生饱和蒸汽的动力堆。沸水堆与压水堆同属轻水堆，都具有结构紧凑、安全可靠、建造费用低和负荷跟随能力强等优点，日本福岛第一核电站是沸水堆核电站。图 2-33 是沸水堆核电站示意图。

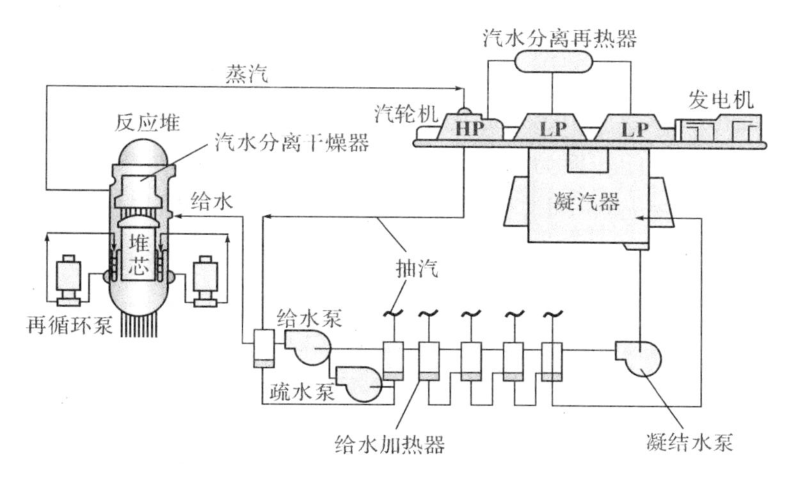

图 2-33　沸水堆核电站的结构

3. 重水堆核电站

以重水堆为热源的核电站。重水堆核电站的核反应堆，以重水作为慢化剂和冷却剂。由于重水慢化性能好，中子利用率高，重水堆核电站可直接利用天然铀作燃料。燃料成本比压水堆约低 1/2，但用作慢化剂和冷却剂的重水却比较昂贵。与压水堆核电站相比，重水堆核电站可以实现不停堆换料。重水堆是由加拿大原创开发的专门用于核能发电的核反应堆，也叫 CANDU(坎杜)堆。秦山核电站三期是我国与加拿大合作建设的第一座重水堆核电站。图 2-34 是重水堆核电站示意图。

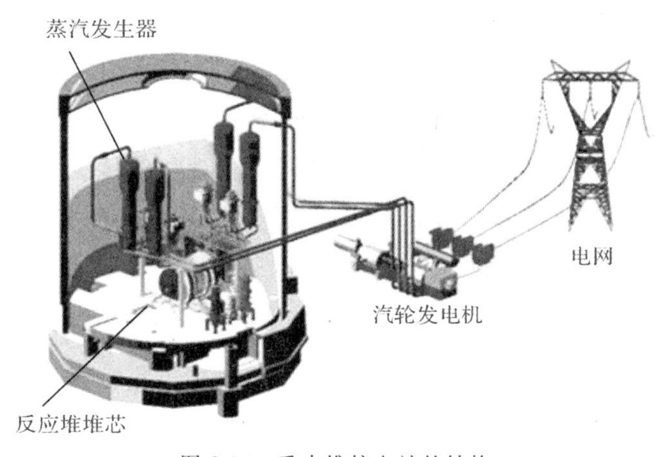

图 2-34　重水堆核电站的结构

4. 快堆核电站

快堆是一种以快中子引起原子核裂变链式反应的堆型。由这种堆型所释放出来的热能转换为电能的核电站称为快堆核电站。快堆在运行时一方面消耗裂变燃料，同时又生产出裂变燃料，裂变燃料越烧越多，得到了增殖，故快堆的全名为快中子增殖反应堆。目前，世界各国在研发的快堆有：气冷快堆、铅冷快堆、钠冷快堆（按结构来分，钠冷快堆有回路式和池式两种类型）、熔盐反应堆、超临界水冷式反应堆等，我国在北京建成的实验快堆属于钠冷池式快堆，快堆池式核电站工作原理如图 2-35 所示。

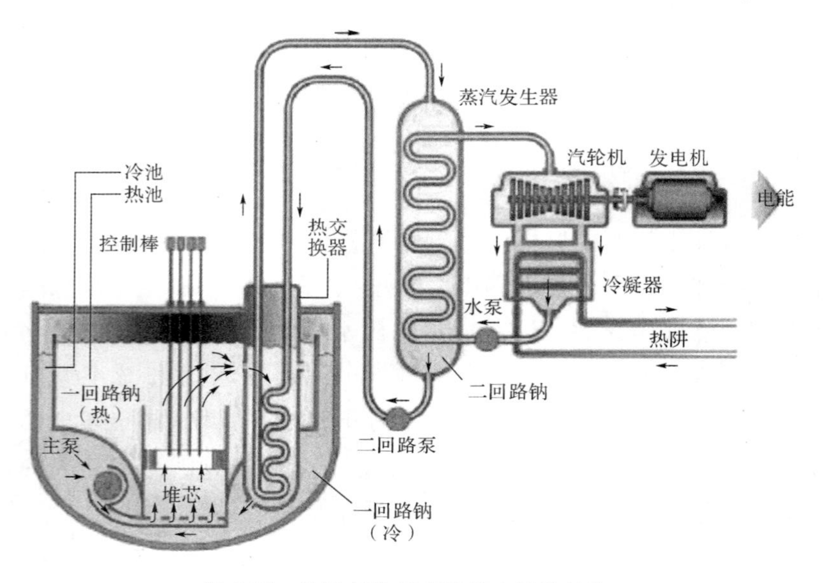

图 2-35　钠冷却快反应堆核电站的结构

快堆形成核燃料闭合式循环，可使铀资源利用率提高至 60% 以上，也可使核废料产生量得到最大程度的降低，实现放射性废物最小化。国际社会普遍认为，发展和推广快堆，可以从根本上解决世界能源的可持续发展和绿色发展问题。

5. 气冷堆核电站

以气体（二氧化碳或氦气）作为冷却剂的反应堆。这种堆经历了三个发展阶段，有天然铀石墨气冷堆、改进型气冷堆和高温气冷堆三种堆型。

天然铀石墨气冷堆实际上是以天然铀做燃料，石墨做慢化剂，二氧化碳做冷却剂的反应堆。改进型气冷堆设计的目的是改进蒸汽条件，提高气体冷却剂的最大允许温度，石墨仍为慢化剂，二氧化碳为冷却剂。高温气冷堆是石墨作为慢化剂，氦气作为冷却剂的堆，清华大学核能技术设计研究院已在2000年12月建成10兆瓦高温气冷实验堆，建设中的山东石岛湾核电站就是高温气冷堆核电站。图2-36是高温气冷堆核电站结构示意图。

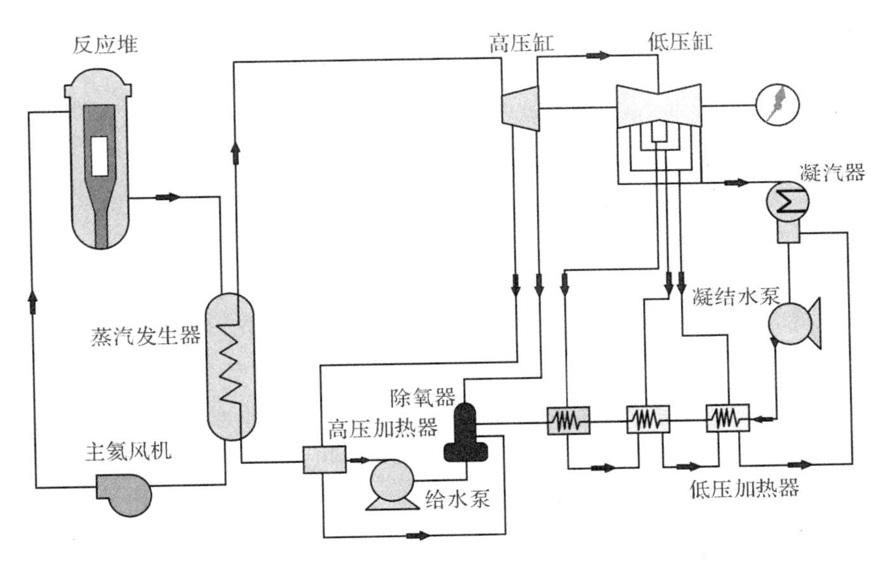

图2-36 高温气冷堆核电站的结构

二、核电站按照发展进程分类

1.第一代核电站

核电站的开发与建设开始于20世纪50年代，主要目的是通过试验示范形式来验证其核电在工程实施上的可行性，国际上把上述实验性的原型核电机组称为第一代核电机组。

2.第二代核电站

自20世纪60年代末至70年代世界上建造了大批单机容量在600～

机组大部分在这段时期建成，称为第二代核电机组。第二代核电站主要是实现商业化、标准化、系列化、批量化，以提高经济性。中国正在运行5座核电站11个机组，均属第二代核电技术。

第二代核电站的建设形成了几个主要的核电站类型，它们是压水堆核电站、沸水堆核电站、重水堆（CANDU）核电站、气冷堆核电站及压力管式石墨水冷堆核电站。建成441座核电站，最大的单机组功率做到150万千瓦，总的运行业绩达到上万个堆年。气冷堆核电站由于其建造费用和发电成本竞争不过轻水堆核电站，20世纪70年代末已停止兴建。石墨水冷堆核电站由于其安全性能存在较大缺陷，切尔诺贝利核电站事故以后，不再兴建。

3.第三代核电站

20世纪90年代，为了消除美国三哩岛和苏联切尔诺贝利以及日本福岛核电站事故的负面影响，世界核电业界集中力量对严重事故的预防和缓解进行了研究和攻关，美国和欧洲先后出台了《先进轻水堆用户要求文件》，即URD文件和《欧洲用户对轻水堆核电站的要求》，EUR文件进一步明确了预防与缓解严重事故，提高安全可靠性等方面的要求。国际上通常把满足URD文件或EUR文件的核电机组称为第三代核电机组。法国阿海珐公司的EPR技术与美国西屋公司AP1000代表了当今第三代核电技术的两大主流。

美国西屋公司AP1000是第三代核电技术中的一种，采用的是一种“非能动型安全技术”：假设AP1000核电站的反应堆发生泄漏，堆芯上方水箱内的冷水就因下面压力减少，在重力作用下自然向下补充水，冷水经过管道循环可以迅速把反应堆产生的热量带走。如果出现问题，72小时不需要人为干预。中国在浙江三门新建的AP1000核电站机组，这将是世界上第一座第三代AP1000核电站。图2-37是AP1000核电站示意图。

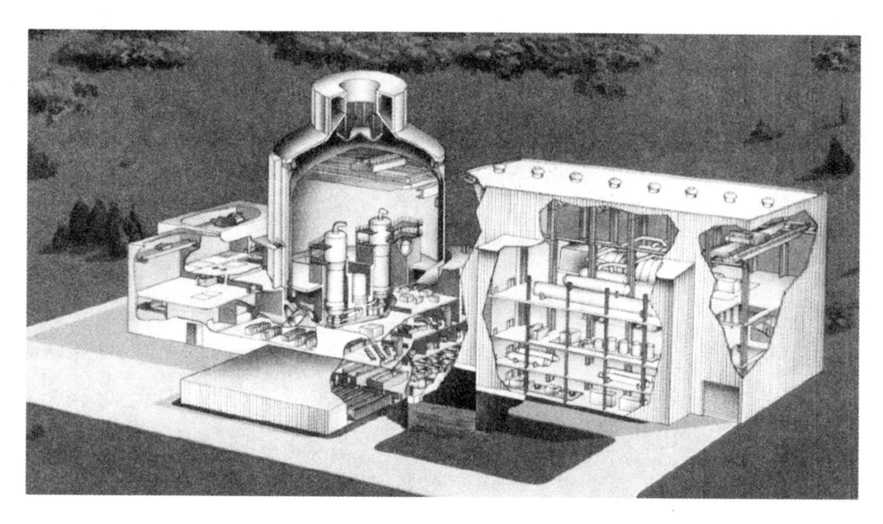

图 2-37　AP1000 核电站

【资料链接】

AP1000 核电站的主要特点

1. 成熟性

AP1000 是一种满足美国核电用户要求文件(URD)的成熟堆型，其设计采用了成熟的、经验证的技术，已通过了美国核安全监管当局的独立审查，获得了设计许可证，正在进行商用建造。

西屋公司在开发 AP1000 之前，已完成了 AP600 的开发工作。AP600 经过 7 年的开发试验与论证，于 1999 年 12 月得到美国核管会的最终设计批准，无论其设计还是执照申请都是成熟的。AP1000 保留了 AP600 的设计特点，但又进行了适当的优化和改进，相对于 AP600 所作的改进与变更，AP1000 都采用了经验证的成熟技术。

AP1000 堆芯采用西屋的加长型堆芯设计，这种堆芯设计已在比利时的 Aoel 核电站 4 号机组、Tihange 核电站 3 号机组等得到应用；燃料组件采用可靠性高的 Performance^{+}；采用增大的蒸汽发生器(125 型)，和正在运行的西屋大型蒸汽发生器相似；稳压器容积有所增大；主泵采用成熟的屏蔽式电动泵;主管道简化设计,减少焊缝和支撑;压力容器与西屋标准的三环路压力容器相似,取消了堆芯区的环焊缝,堆芯测量仪表布置在上封头,可在线测量。

2. 安全性

AP1000 设计与二代压水堆设计相比的最大优点在于 AP1000 使用非能动的安全系统来减缓设计工况中预期有可能发生的意外事故,提高电站的安全性。

AP100 采用了依靠重力、温差和膨胀等自然力来驱动的安全系统,并通过蒸发、冷凝、对流、自然循环来带走热量,即非能动的安全系统,它不需要任何泵来驱动流体,也就不需要交流电源,因此 AP1000 核电站取消了要求的安全级应急电源(柴油发电机组)。

非能动的安全系统基本上仅由高位或加压的 6 个大水箱(2 个堆芯补水箱、2 个安注水箱、1 个设置在安全壳内的换料水箱以及 1 个非能动安全壳冷却系统重力排水箱)和相应的管路、阀门和 1 个浸泡在换料水箱内的换热器构成。这些简单的非能动设备和部件构成安全系统,在应急情况下能够执行下列功能:非能动堆芯余热排出,非能动堆芯冷却(关键在于及时向反应堆堆芯注水),非能动反应堆自动降压,百能动安全壳冷却。

相比之下,二代和二代改进型核电站为执行同样的安全功能,其能动型的安全系统在复杂得多,需要更多的泵、阀门、管道、水箱、热交换器等,耐用必须由要求苛刻的安全级应急电源(柴油发电机组)供电安全系统才能工作。

在发生设计基准事故情况下,AP1000 非能动专设安全系统考虑最严重的单一故障,没有操作员干预动作和厂内外非安全相关电源的情况下可以保持安全停堆 72 小时。

此外,AP1000 考虑内部事件的堆芯熔化概率和放射性释放概率分别为 5.08×10^{-7}/堆年和 5.9×10^{-8}/堆年,远小于第二代的 1×10^{-5}/堆年和 1×10^{-6}/堆年的水平。

3. 经济性

核电站的发电成本(￥/kWh 或 $/kWh)是主要经济指标。它主要由以下部分组成:一是建设造价按还款期分摊的年折旧费,建设造价包括前期费用、设计费、设备费、工程预备费、土建安装工程费、高度费、首炉燃料费、工程其他费用(含质量保证、监理、业主费与工程管理费)和建设期财务费等，从建设造价和发电功率可以得出比投资（￥/kWh 或 $/kWh）。二是燃料费，即年消耗的燃料费用、退役费等。以上的年费总和除以年发电量（扣除厂用电），即为发电成本。

AP1000 由于具有以下特点所以使得建设造价降低；简化了安全系统、设备、材料数量减少，费用下降；工程量减少；模块化施工，工期缩短，见表 2-1。

表 2-1 第二代核岛（红沿河）与 AP1000 核岛（三门）设备数量对比

设备部件	百万千瓦级第二代核岛（红沿河）	AP1000 核岛（三门）	相比减少数量	相比减少百分比（%）
安全级阀门	3060 个	599 个	2461 个	80.4
安全级水泵	52 台	4 台	48 台	92.3
管道长度	197 千米	1130 千米	1070 千米	48.6
电缆长度	2200 千米	1130 千米	1070 千米	48.6
核岛安全级构筑物混凝土浇筑量	23 万立方米	9.8 万立方米	13.2 万立方米	57.45

AP1000 由于以下特点使燃料费用和运行费用降低：核电站设计寿命 60 年，机组额定功率大（125 万千瓦）；换料周期延长到 18～24 个月，设计年利用率达到 93%，这使得年发电量大大增加；由于运行简单，设备少，以及屏蔽电机泵免维修等，维修量大大减少，运行维修费用下降；使用先进核燃料，提高燃耗深度，减少燃料加工、运输和乏燃料处理数量级相关费用。

4. 先进的仪按系统和主控室设计

AP1000 仪控系统采用成熟的数字化技术设计，通过多样化的安全级、非安全级仪控系统和信息提供、操作避免发生共模失效。主控室采用布置紧凑的计算机工作站控制技术，人机接口设计充分考虑了运行电站的经验反馈。主控室可居留系统和安全壳隔离系统是通过非能动安全设计和设施实现其功能。AP1000 的主控室和人机接口设计为了减少单个计算机化操纵员支持系统的数量，把 SPDS（安全参数显示系统）与人机接口统一设计。通过人机接口产生并显示过程异常报警和过程图形画面。人机接口显示信息不要求转换或计算,庙宇值与保护系统一致,可以在报警系统或电厂信息系统的指示、曲线、图形上看到。

5.采用模块化的设计与建造技术

AP1000在建造中大量采用模块化技术。这种"搭积木"式的模块化施工方法改变了先造房子后安装设备,即先土建后安装的传统施工方法,将现场的"串联"作业改变为工厂预制、现场吊装的"并联"作业,有利于缩短建造周期。

模块化建造是电站详细设计的一部分,整个电站共分4种模块类型,其中结构模块122个,管道模块154个,机械设备模块55个,电气设备模块11个。模块化建造技术使建造活动处于容易控制的环境中,在制作车间即可进行检查,经验反馈和吸取教训更加容易,保证建造质量。平等进行的各个模块建造大量减少了现场的人员和施工活动。

以结构模块来说,常规的建造方法是在现场先浇筑甲模块部分,浇筑10天,养护2天,然后再浇筑乙模块部分,浇筑5天,养护1天,最后浇筑丙模块部分,浇筑8天,养护2天。以这种方法计算,完成甲乙丙三个模块的建造共需28天的时间。如果采用模块化的作业方法,同时开展甲乙丙模块的建造,那么在12天的时间内可以完成所有三个模块的加工,再加上现场的拼装和养护的时间,可能只需要15天的时间,从进度上来说为工程争取了13天的宝贵时间。

法国阿海珐公司的EPR成为继引进西屋公司AP1000后中国第三代核电技术的又一选择。EPR的密封水平是国际上唯一的,反应堆厂房非常牢固,混凝土底座厚达6米,安全壳为双层,内壳为预应力混凝土结构,外壳为钢筋混凝土结构,厚度都是1.3米。2.6米厚的安全壳可抵御坠机等外部侵袭。即使发生概率极低的熔堆事故,压力壳被熔穿,熔化的堆芯逸出压力壳,熔融物仍封隔在专门的区域内冷却。这一专门区域的内壁使用了耐特高温保护材料,能够保证混凝底板的密封性能。EPR的熔堆事故影响严格限制在反应堆安全壳内,核电站周边的居民、土壤和含水层都受到保护。台山核电站一期是中国首座、全球第三座采用EPR三代核电技术建设的大型商用核电站。图2-38是EPR核电站示意图。

图 2-38　EPR 核电站

ABWR—先进沸水堆由美国通用电气(GE)和日本东芝、日立公司开发的第三代核电技术中又一种,如图 2-39(a)所示。日本已有 4 台建成机组在运行,另有 4 台机组在建设中。

另外,核安全当局正在审查的还有:日本三菱公司开发的 APWR——先进压水堆,韩国电力工程公司开发的 APR1400——先进压水堆,美国通用电气公司开发的 ESBWR——经济简化型沸水堆,如图2-39(b)所示。

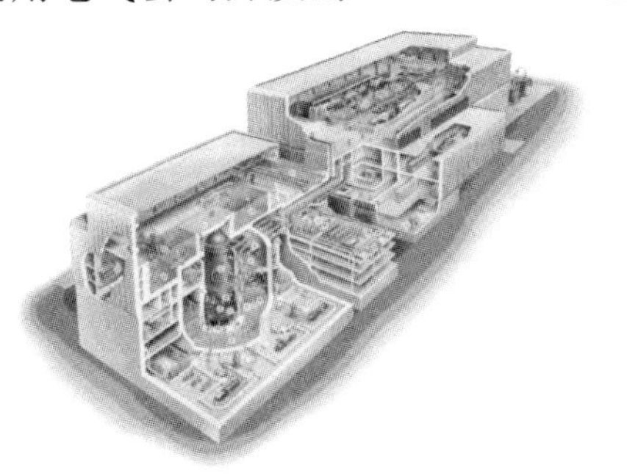

(a) ABWR先进沸水堆核电站

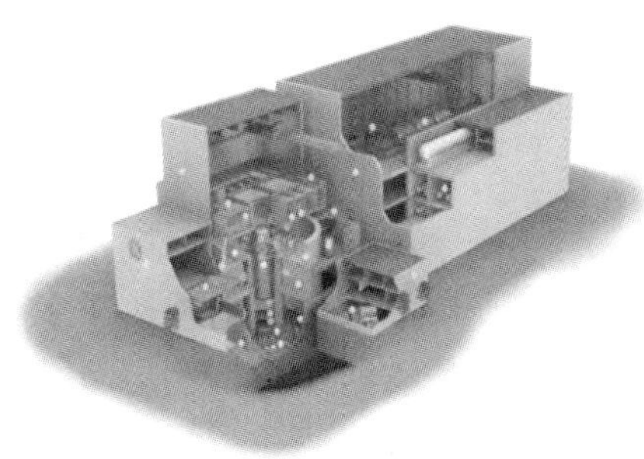

(b) ESBWR经济简化的沸水堆核电站

图 2-39　ABWR 先进沸水堆和 ESBWR 经济简化型沸水堆核电站

【资料链接】

第三代与第二代核电站在安全上的主要差别

1.我国现行核安全法规

国际原子能机构于2000年10月发布新建核电站推荐采用的核安全标准《核电站安全设计》。我国国家核安全局参照国际原子能机构的要求制定并于2004年4月18日颁布的《核动力厂设计安全规定》(HAF102)要求“设计必须以防止或减轻(在无法防止时)由设计基准事故和选定的严重事故引起的辐射照射作为目标”、“除设计基准外,设计中还必须考虑核动力厂在特定的超设计基准事故包括选定的严重事故中的行为”。

我国第二代核电站设计不满足现行核安全法规(HAF102)的上述要求。

2.用概率安全分析法评价核电站的安全性

概率安全分析方法是一项国际核工业界公认的成熟技术,我国现行的《核动力厂设计安全规定》(HAF102)明确要求,必须在安全评介中采用确定论和概率论分析方法,针对严重事故,要求结合概率论、确定论和工程判断,确定严重事故重要事件序列;概率安全分析报告已经成为国家核安全局许可证审批必须提交的文件之一。

通过概率分析方法,可以发现设计上的薄弱环节并采取有效的措施,将发生严重事故可能性限制在很低的水平。

为衡量核电站发生严重事故的风险,通常采用概率分析方法评价以下两种概率:堆芯熔化率和大量放射性向环境释放概率。

反应堆堆芯熔化概率:从统计概率的观点,一个反应堆在一年的运行期间发生堆芯熔化这一严重事故的可能性(概率)。

大量放射性向环境释放概率:从统计概率的观点,一个反应堆在一年的运行期间发生放射性物质大规模向环境释放的可能性(概率)。

3.第三代核电发生严重事故的概率大大低于第二代

AP1000的堆芯熔化概率和大量放射性向释放概率比现有的第二代核电机组大约低于100倍。这充分体现了第三代核电技术安全上的优越性,即一台第二代核电机组发生严重事故的风险约相当于100台AP1000核电机组发生严重事故的风险。

4.第三代核电采取了预防和缓解严重事故的措施

第三人核电技术采用了很多预防和缓解严重事故的措施，以降低堆芯熔化和大量放射性向环境释放的概率，例如：设置堆芯自动快速降压系统以防止高压熔堆、安全壳冷却和隔离、安全壳内设置氢自动点燃器和复合器以控制氢浓度防止爆炸、堆芯熔融的冷却和保持等措施。

以AP1000为例，AP1000核电站具有全面、完善的预防和缓解严重事故的措施，包括：防止高压熔堆的自动降压系统、堆腔淹没技术、堆芯熔融物保持在压力容器内的(IVR)技术、设置易燃气体氢的自动复合系统以防爆、防止安全壳旁路等。

在上述预防和缓解严格事故的措施中最具特色的是将堆芯熔融物保持在压力容器内(In-Vessel Retention，IVR)的技术。AP1000的反应堆安装在由混凝土围墙和绝热层组成的堆腔内。在万一发生反应堆堆芯熔化的严重事故时，反应堆压力容器壁被堆芯融化物加热而急剧升温；此时，设置在安全壳内的换料水箱靠重力(非能动)自动地向堆腔注水，水经压力容器外壁和绝热层之间的流道向上流动，冷却压力容器外壁，通过自然循环将热量带走，使压力容器不被熔穿，从而使堆芯熔融物保持在压力容器内。

将堆芯熔融物保持在压力容器内(IVR)是AP1000所特有的创新技术，这项技术的应用使得大规模放射性释放到环境的可能性进一步降低。

4.第四代核电站

第四代核电技术则是指正在开发中的新一代核电技术，国际上对其提出了经济性更好、安全性更高、核废物最少、防止核扩散能力强等多项要求。

2000年5月，由美国能源部发起、美国阿贡实验室组织的全世界约100名专家进行了研讨，提出了第四代核电站14项基本要求。

(1)关于核电站的经济性。①要有竞争力的发电成本，发电成本为3美分/千瓦时；②可接受的投资风险，小于1000美元/千瓦；③建造时间(从浇注第一罐混凝土至反应堆启动试验)少于3年。

(2)关于核安全和辐射安全。①非常低的堆芯破损概率;②任何可信初因事故都经验证,不会发生严重堆芯损坏;③不需要场外应急;④人因容错性能高;⑤尽可能小的辐射照射量。

(3)关于核废物。①要有完整的解决方案;②解决方案被公众接受;③废物量要最小。

(4)关于防核扩散。①对武器扩散分子的吸引力小;②内在的和外部的防止核扩散能力强;③对防止核扩散要经过评估。

2000年1月,美国牵头会同英国、瑞士、韩国、南非、日本、法国、加拿大、巴西和阿根廷10国及欧洲原子能共同体共同成立了“第四代核能论坛”(GIF),并于2001年7月签署了《宪章》,其宗旨是研究和发展第四代核能系统。上述10个国家正式成为GIF成员国。此外,国际原子能机构、经济合作与发展组织核能署是GIF观察员。

在GIF成立之后,第一阶段工作主要是评估第四代核能系统的概念设计。2002年底,GIF和美国能源部联合发布了《第四代核能系统技术路线图》,选出气冷快堆、铅冷快堆、熔盐堆、钠冷快堆、超临界水冷堆、超高温气冷堆六种堆型,作为GIF未来国际合作研究的重点。第二阶段工作主要是通过合作研发,验证上述6个系统的性能并开展可行性研究。2005年2月,加拿大、法国、日本、英国和美国共同签署了具有法律约束力的《第四代核能系统研发国际合作框架协定》(以下简称《框架协定》),标志着GIF第二阶段工作正式启动。《框架协定》主要涉及研发方式、技术信息数据和研发结果共享、技术展示、联合试验、用于实验测试和评估的材料样品和设备的交换使用、人员培训、学术交流活动等方面的内容。

我国于2006年6月申请参加GIF,8月GIF正式来函表示同意接纳中国为成员。

第四代核电站正在研发之中,预计在2030年能实现商业应用。

第三节 核电站的运行原理及结构

核电站是怎样发电的呢?简而言之,它是以核反应堆来代替火电站的锅炉,以核燃料在核反应堆中发生特殊形式的“燃烧”产生热量,来加热水使之变成蒸汽。蒸汽通过管路进入汽轮机,推动汽轮发电机发电。一般说来，核电站的汽轮发电机及电器设备与普通火电站大同小异，其奥妙主要在于核反应堆。

目前世界上核电站采用的反应堆有压水堆、沸水堆、重水堆、快中子增殖堆以及高温气冷堆等，但比较广泛使用的是压水堆。压水堆以普通水作冷却剂和慢化剂，是目前世界上最成熟、最成功的动力堆型。下面以压水堆核电站为例，介绍核电站发电原理及核电站的组成。

一、压水堆核电站的发电原理

核燃料在反应堆内发生裂变而产生大量热能，高温高压的一回路冷却水把这些热能带出反应堆，并在蒸汽发生器内把热量传给二次侧的水，使它们变为蒸汽，蒸汽推动汽轮机带动发电机发电，并通过电网送到四面八方。图 2-40 是压水堆核电站发电原理图。

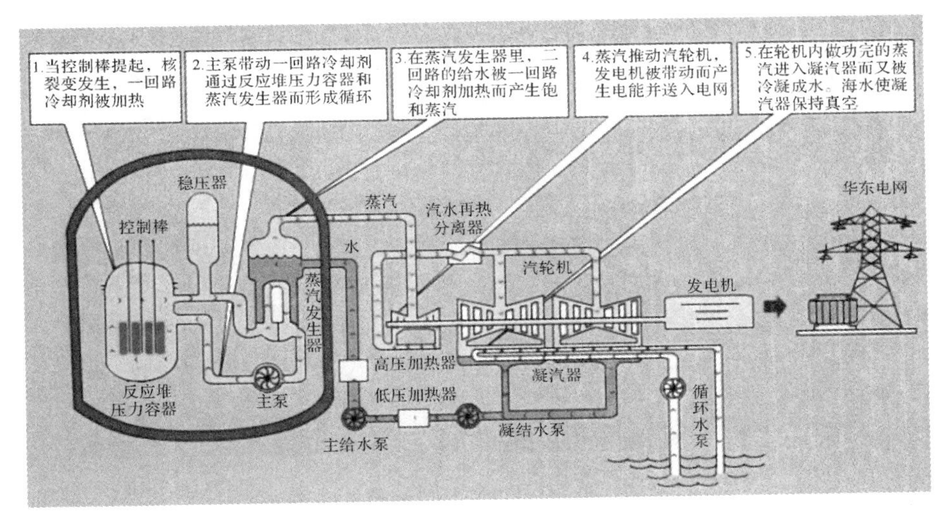

图 2-40 压水堆核电站发电原理

一回路。反应堆堆芯因核燃料裂变产生巨大的热能，高温高压的冷却水由主泵泵入堆芯带走热量，然后流经蒸汽发生器内的传热 U 型管，通过管壁将热能传递给 U 型管外的二回路冷却水，释放热量后又被主泵送回堆芯重新加热再进入蒸汽发生器。水这样不断地在密闭的回路内循环，称为一回路。

二回路。蒸汽发生器 U 型管外的二回路水受热变成蒸汽，蒸汽推动汽轮机发电机做功，把热能转化为电力；做完功后的蒸汽进入冷凝器冷却，凝结成水返回蒸汽发生器，重新加热成蒸汽。这个回路循环，称为二回路。

三回路。使用海水或淡水，它的作用是在冷凝器中冷却已用的蒸汽使之变回冷凝水。

二、压水堆核电站的组成

压水堆核电站主要由核岛、常规岛和电厂配套设施三大部分组成，如图 2-41 所示。图中两栋圆形建筑为核岛，安装了核反应堆；核岛前的方形建筑为燃料厂房，核岛后的建筑为常规岛，安装了汽轮机和发电机组；其他建筑为核电站配套设施。

图 2-41　压水堆核电站的组成

三、核反应堆厂房(安全壳)

核反应堆厂房，又称安全壳，是核电站的标志性建筑物，核蒸汽供应系统的所有设备均安装其内。安全壳一般为带有半球形顶的圆柱体钢筋混凝土建筑物，直径约 40 米，高约 60 米，厚约 1 米，内衬 6 毫米厚的钢板以确保整体的密封性。安全壳能承受地震、飓风、飞机坠落等各种冲击，是核电站的保护神，并能够安全确保反应堆的放射性物质不逸入外部核反应堆厂房内有许多重要设备，它们是核反应堆、蒸汽发生器、稳压器、主泵、冷却系统及管道等，它们有着各自的特殊功能，如图 2-42 所示。

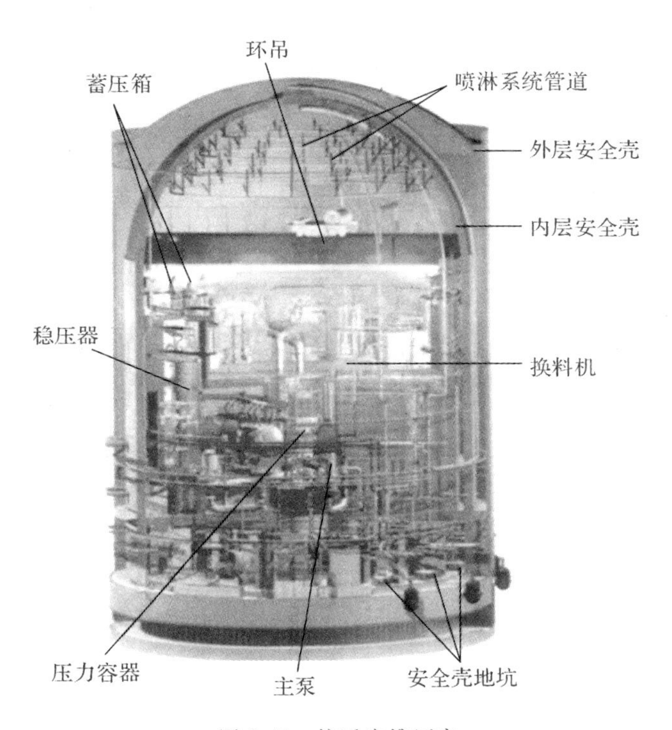

图 2-42　核反应堆厂房

1. 核反应堆

核反应堆是核电站的核心设备。它的作用是维持和控制链式裂变反应，产生核能，并将核能转换成可供使用的热能，如图 2-43 所示。

核反应堆的心脏是堆芯，堆芯由核燃料组件和控制棒组件组成。堆芯装载在一个密闭的大型钢制容器——压力容器中。压力容器高 10 多米，直径约 4 米，壁厚 200 毫米左右，重达 400～500 吨，能耐高温、高压和辐照，非常坚固。

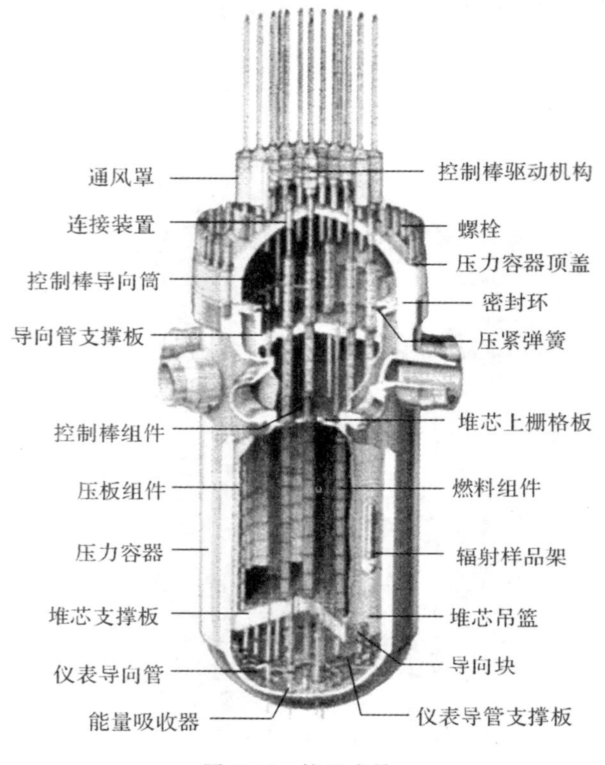

图 2-43　核反应堆

2. 蒸汽发生器

蒸汽发生器是核电站中仅次于压力容器的重型设备。它的作用是把一回路水从核反应堆中带出的热量传递给二回路水，并使其变成蒸汽。

蒸汽发生器由直立式倒 U 型传热管束、管析、汽水分离器及外壳容器等组成，如图 2-44 所示。被反应堆加热的一回路高温高压水由蒸汽发生器下封头的进口管进入一回路水室，经过倒 U 型传热管，将热量传递给管子外面的二回路，放热后的一回路水汇集到下封头的出口水室，再流向一回路主泵吸入口。而 U 型管外侧的二回路给水是由蒸汽发生器筒体的给水接管进入给水环管的，经环形通道流向底部，然后沿着倒 U 型管束的外空间上升，同时被加热，部分水变成蒸汽，汽水混合物进入上部汽水分离器，经过粗、细两级分离和第三级分离干燥后达到一定干度的饱和蒸汽，汇聚到蒸汽发生器顶部出口处，经二回路蒸汽管道进入汽轮机。

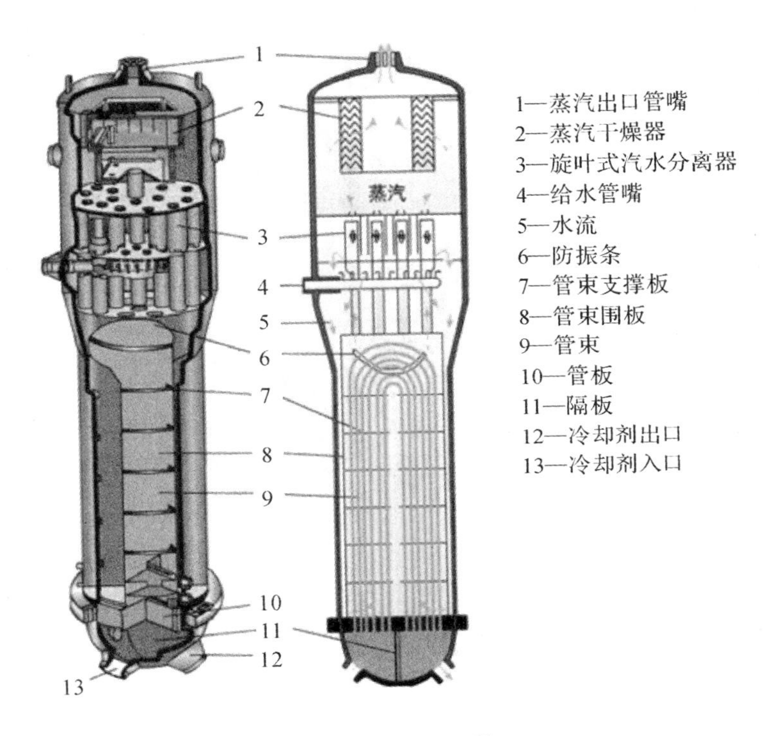

图 2-44　蒸汽发生器

3. 稳压器

稳压器是用来控制反应堆系统压力变化的设备。在正常运行时，起保持压力的作用；在发生事故时，提供超压保护，如图 2-45 所示。

4. 主泵

主泵的作用是把冷却剂送进堆内，然后流过蒸汽发生器，以保证裂变反应产生的热量传递出来，如图 3-46 所示。

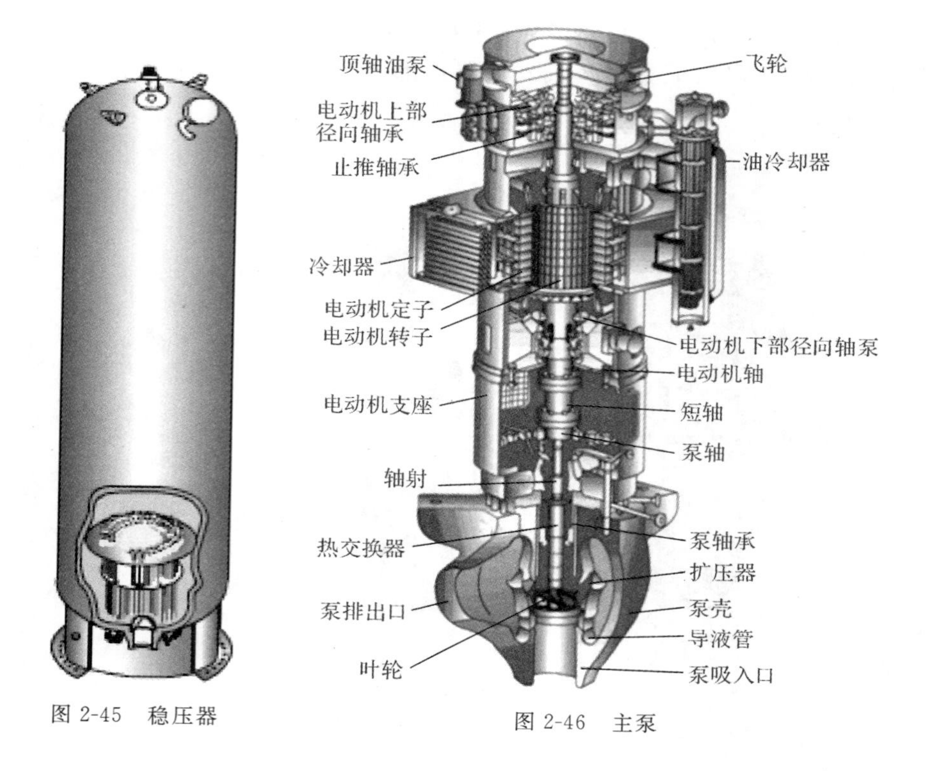

图 2-45　稳压器

图 2-46　主泵

5. 控制棒组件

控制棒是强吸收体，它的移动速度快，操作可靠，使用灵活，可精确控制反应堆，是反应堆紧急控制和功率调节不可缺少的控制部件，如图 2-47 所示。

核反应堆的启、停和核功率的调节主要由控制棒控制。控制棒内的材料能强烈吸收中子，可以控制反应堆内链式裂变反应的进行。控制棒也组装成组件的形式。反应堆不运行时，控制棒插在堆芯内。开堆时控制棒提起，运行中根据需要调节控制棒的高度。一旦发生事故，全部控制棒会自动快速下落，使反应堆内的链式裂变反应停止。

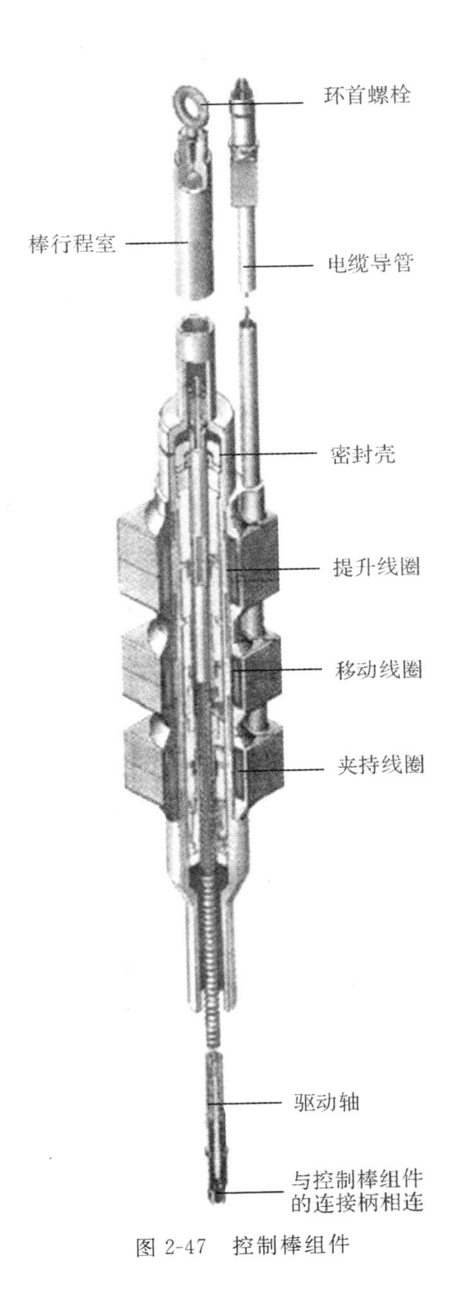

图 2-47　控制棒组件

【资料链接】

中国广核集团已完全掌握核反应堆控制棒驱动系统关键技术

控制棒驱动系统是核反应堆本体中唯一动作的部件，承担着反应堆启动、功率调节等控制和保护职责，是反应堆安全运行的“心脏”。此前中国在运和在建的百万千瓦级压水堆核电机组，该设备均使用国外品牌技术，关键部件和材料需要从国外进口。

2015年初，由中国广核集团牵头组织的国家科技支撑计划项目——“百万千瓦级压水堆核电站控制棒驱动系统研发”科研项目通过了科技部组织的专家组验收评审。这意味着中国广核集团已完全掌握核反应堆控制棒驱动系统关键技术，打破了国外长期的技术垄断，实现了核反应堆“心脏”的自主化和国产化。

6. 核燃料

核燃料是可在核反应堆中通过核裂变产生核能的材料，是铀矿石经过开采、初加工、铀转化、铀浓缩，进而加工成核燃料元件，如图2-48所示。

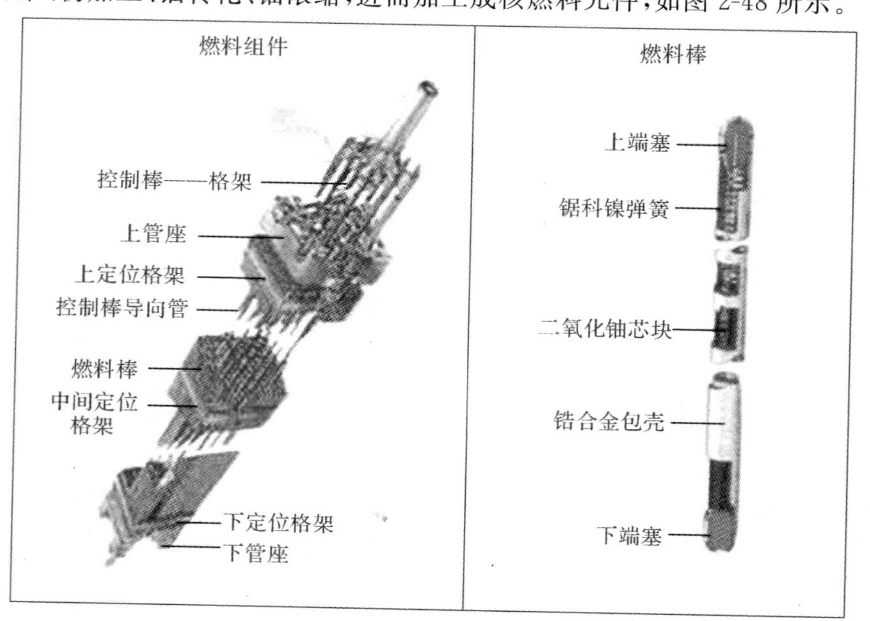

图2-48 核燃料

压水堆核电站用的是浓度为3%左右的核燃料(铀^{235}U)。通常压水堆的核反应堆内有157个核燃料组件,每个组件由17×17根燃料棒组成。燃料棒由烧结二氧化铀芯块装入锆合金管中封焊构成。部分燃料组件中有一个控制棒,控制核裂变反应。

第四节　核电站的安全保证

我国政府始终把核安全放在一切工作的首位,提出了“安全第一,质量第一”和“预防为主”的要求。安全第一的原则贯穿于核工业一切工作的始终。安全第一,要求在核电站各项工作中特别是核安全与其他问题产生冲突时,始终把核安全作为第一出发点。预防为主,就是对影响核安全的人员、机具、材料、方法和环境实施全过程的全面监控,把事故隐患消灭在萌芽状态。

一、核电站选址的安全性

选择合适建造核电站的地理位置,是核电工程的第一个环节,也是核电安全管理的起点。

选择厂址时既要考虑到厂址地质、地理、气象等自然环境因素对电厂安全的影响,也要考虑电厂周围与居民环境对电厂安全的影响,同时还要考虑核电站运行及可能的事故对环境和居民正常生产与生活的影响。另外,核电站选址还要权衡安全要求与经济运作。

为了防止放射性的意外泄露,核电站址对地质、地震、水文、气象等自然条件和工农业生产及居民生活等社会环境都有严格到近乎苛刻的要求。这些要求已经以法规的形势确定下来,只有满足要求的厂址,才有可能得到国家核安全监管部门的批准。

在选址过程中要研究调查的是:人口密度与分布、土地及水资源利用、动植物生态状况、农林渔养殖业、工矿企业、电网链接、地质、地形、地震、海洋与陆地水文、气象等历史资料和实际情况。采用的方法也是“兴师动众”的,包括卫星照相、航空测试、地面测量、地下勘探、大气扩散试验、水力模拟试验、理论模型计算等。

二、核电站的纵深防御措施

核电站的设计、建造和运行，按照国际原子能机构提出的“纵深防御”原则，从设备上和措施上提供多层次的保护，确保放射性物质能有效地包容起来不发生泄露。纵深防御包括以下五道防线：

第一道防线：保证设计、制造、建造和运行、检修的质量，防止出现偏差。

第二道防线：严格执行运行规程，遵守运行技术规划，及时检测和纠正偏差，对非正常运行加以控制，防止演变成事故。

第三道防线：万一偏差未能及时纠正，发生设计基准事故时，自动启动电厂安全系统和保护系统，防止事故恶化。

第四道防线：万一事故没能得到有效控制，启动事故处理规程，保证安全壳的完整性，防止放射性物质外泄。

第五道防线：如果上述各道防线失效，立即启动场外应急响应，努力减轻事故对公众和环境的影响。

三、核电站预防放射性物质有四道安全保护屏障

为保障公众和环境不受核电站放射性物质的伤害和污染，压水式反应堆设置了四道安全保护屏障，如图 2-49 所示，只要其中有一道是完整的，放射性物质就不会泄漏到厂房以外，全世界的压水式反应堆均有良好的安全记录。

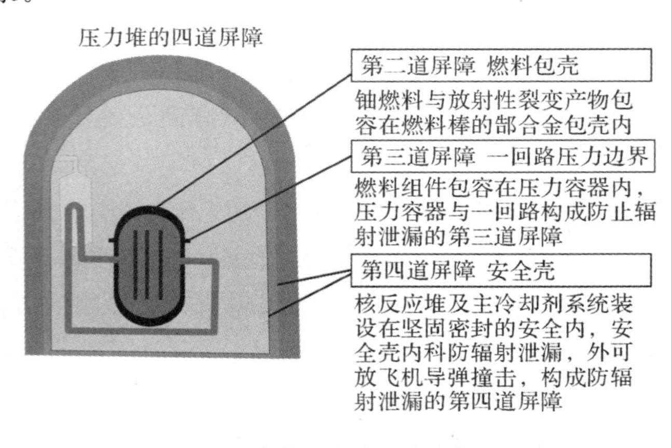

图 2-49 压水式反应堆的安全保护屏障

第一道屏障是燃料芯块。燃料芯块是烧结的二氧化铀陶瓷晶体，它的大部分微孔不与外面相通。正常情况下，核裂变产生的放射性物质98%以上都滞留在这些微孔内。

第二道屏障是燃料包壳。它把燃料芯块以及裂变产物密封在锆合金包壳内。

第三道屏障是一回路压力边界。压力容器和一回路承压的管道和部件是能承受高压的密封体系。即使燃料包壳破损，放射性物质也被包容在压力容器内，不会泄露到反应堆厂房中。

第四道屏障是安全壳，它是高大的预应力钢筋混凝土构筑物，一旦压力容器及其管道破漏，放射性物质将被包容在安全壳内，不至于外漏。安全壳可以抵御地震、龙卷风和喷气式飞机冲击等外力的撞击。

四、核电站的“三废”排放有监督措施

国家对核电站的“三废”处理执行严格的“环境影响评价”和“三同时”制度；核电站自身执行更为严格的“三废”处理和排放的管理。核电站一般的实际“三废”排放仅为国家规定的1/1000～1/100；地方环保部门还对核电站的“三废”排放进行24小时不间断地同步检测。

五、核反应堆与核武器的区别

核反应堆与原子弹（见图2-50）无论在用途、核燃料浓度，还是在使用寿命、可否调控等方面都有质的区别。反应堆是实现可控链式核裂变反应的装置，而原子弹则是实现不可控链式核裂变反应的装置。反应堆的功率可以控制和调节，而原子弹则不能。

图2-50　原子弹模型

用作核弹头的核燃料铀^{235}U的浓度必须大于90%；而压水堆核电站使用的核燃料铀^{235}U的浓度约为3%左右。就像白酒能够点燃，啤酒无法点燃一样，装有铀^{235}U浓度只有3%核燃料的反应堆不可能发生核爆炸。如图2-51所示。

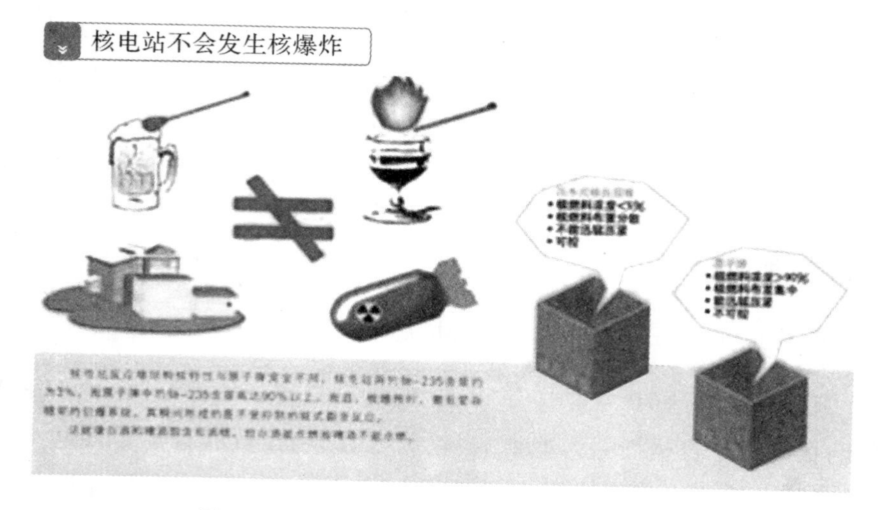

图2-51　啤酒、白酒与核反应堆、原子弹的类比

第四节　世界核电发展历程和现状

1938年，核裂变现象的发现标志着核能的问世。1954年，世界上第一座核电站建成，揭开了核能用于发电的序幕。随后，一批试验示范型核电站陆续建成。20世纪60年代末到70年代初，各工业国家纷纷大建商业性核电站，世界核电发展达到高峰。1979年的三哩岛事故和1986年的切尔诺贝利事故给欧美地区核电产业的发展带来严重打击，这也使更具安全性的核电技术应运而生。到了21世纪，油气和煤炭价格的高涨又重新燃起了核电产业的生命之火。

一、发展历程

从世界核电发展历程来看，大致可分为四个阶段：实验示范阶段、高速发展阶段、减缓发展阶段和开始复苏阶段。

1. 实验示范阶段

1954—1965 年年间，世界共有 38 个机组投入运行，属于早期原型反应堆核电站，即第一代核电站。期间，1954 年苏联建成 5 兆瓦的奥布涅斯克实验性石墨水冷核电站（如图 2-52）；1956 年，英国建成 45 兆瓦的卡德豪尔石墨气冷核电站（如图 2-53）；1956 年法国建成 40 兆瓦马尔库尔石墨气冷核电站（如图 2-54）；1957 年，美国建成 60 兆瓦西坪港压水堆核电站（如图 2-55）；1960 年，美国建成 250 兆瓦德累斯顿沸水堆核电站（如图 2-56）；1962 年，加拿大建成 25 兆瓦重水堆核电站。目前，第一代核电站已经基本退役。

图 2-52　退役后的苏联奥布涅斯克核电站被建成奥布涅斯克科学城

图 2-53　英国卡德豪尔核电站

图 2-54　法国马库尔核电站:G1 堆及其烟囱全景

图 2-55　美国西坪港核电站

图 2-56　美国德累斯顿核电站 2 号和 3 号机组

2. 高速发展阶段

1966—1980 年年间世界共有 242 个机组投入运行，属于第二代核电站。由于石油危机的影响以及被看好的核电经济性，核电得以高速发展。

期间，美国成批建造了 500～1100 兆瓦的压水堆、沸水堆，并出口其他国家；苏联建造了 1000 兆瓦石墨堆和 440 兆瓦、1000 兆瓦 VVER 型压水堆；日本、法国引进、消化了美国的压水堆、沸水堆技术；法国核电发电量增加了 20.4 倍，比例从 3.7%增加到 40%以上；日本核电发电量增加了 21.8 倍，比例从 1.3%增加到 20%。

3. 减缓发展阶段

1981—2000 年年间，由于 1986 年苏联切尔诺贝利（见图 2-57）以及 1979 年美国三哩岛（见图 2-58）核事故的发生，直接导致了世界核电的停滞，人们开始重新评估核电的安全性和经济性，为保证核电站的安全，世界各国采取了增加更多安全设施、更严格审批制度等措施，以确保核电站的安全可靠。

图 2-57　苏联切尔诺贝利核电站

图 2-58 美国三哩岛核电站

【资料链接】

一、三哩岛核电站事故

美国三哩岛核电站位于美国宾夕法尼亚州。1979 年 3 月 28 日发生了美国历史上最严重外核事故，事故 2 小时后，大量放射性物质溢出。事故发生后，全美震惊，核电站附近的居民惊恐不安，约 20 万人撤出这一地区。美国各大城市的群众和正在修建核电站的地区的居民纷纷举行集会示威，要求停建或关闭核电站。美国和西欧一些国家政府不得不重新检查发展核动力计划。

二、切尔诺贝利核电站事故

切尔诺贝利核电站是苏联时期在乌克兰境内修建的第一座核电站，曾被认为是世界上最安全、最可靠的核电站。1986 年 4 月 26 日该电站第 4 发电机组爆炸，核反应堆全部炸毁，大量放射性物质泄漏，成为核电时代以来最大的事故。辐射危害严重，导致事故后前 3 个月内有 31 人死亡，之后 15 年内有 6 万～8 万人死亡，13.4 万人遭受各种程度的辐射疾病折磨，方圆30千米地区的11.5万多民众被迫疏散。为消除事故后果，耗费了大量人力物力资源。为消除辐射危害，保证事故地区生态安全，乌克兰和国际社会一直在努力。

4.开始复苏阶段

21世纪以来，随着世界经济的复苏，以及越来越严重的能源、环境危机，促使核电作为清洁能源的优势又重新显现，同时经过多年的技术发展，核电的安全可靠性进一步提高，世界核电的发展开始进入复苏期，世界各国都制定了积极的核电发展规划。美国、日本和欧洲等国开发的先进轻水堆核电站，有的已投入商运或即将立项。

二、发展现状

核电与水电、煤电一起构成了世界能源供应的三大支柱，在世界能源结构中有着重要的地位。

目前世界上已有30多个国家或地区建有核电站。根据国际原子能机构(IAEA)统计，截至2012年12月底，共有437台核电机组在运行，总装机容量约3.7亿千瓦。核电站主要分布在北美的美国、加拿大；欧洲的法国、英国、俄罗斯、德国和东亚的日本、韩国等一些工业化国家，如图2-59和图2-60所示。

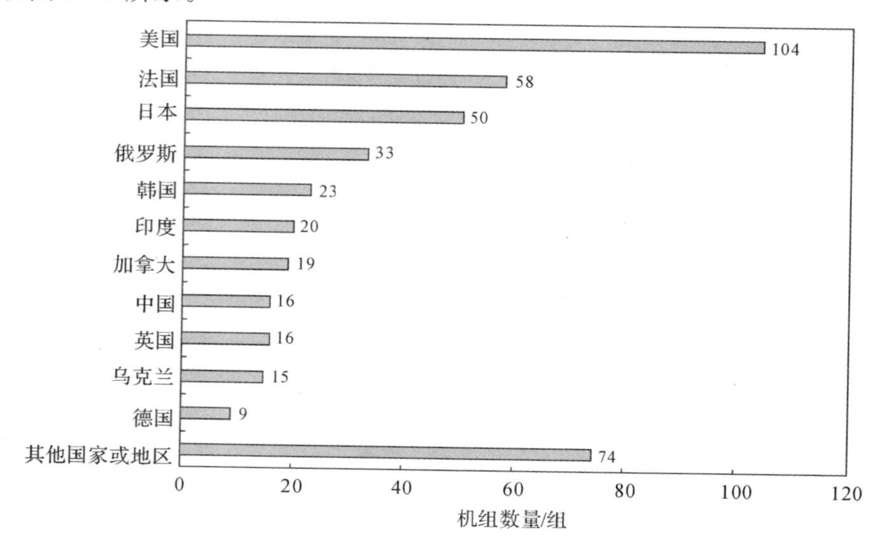

图2-59　世界各国核电运行机组数量

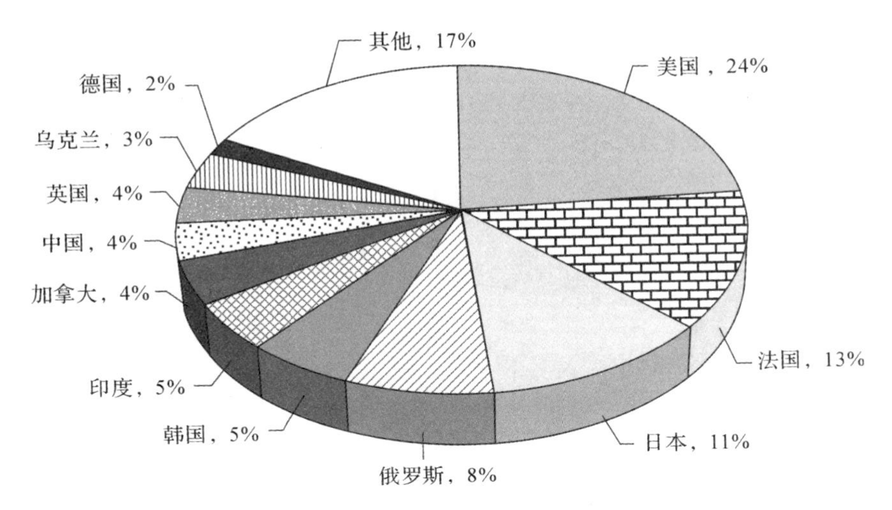

图 2-60　世界各国核电运行机组数量分布

目前核电约占全球总发电量的 15%，根据 IAEA 发布的 2011 年度全球核发电比例的统计数据，其中法国高达 77.7%，韩国为 34.6%，日本为 18.1%，美国为 19.2%，如图 2-61 所示。

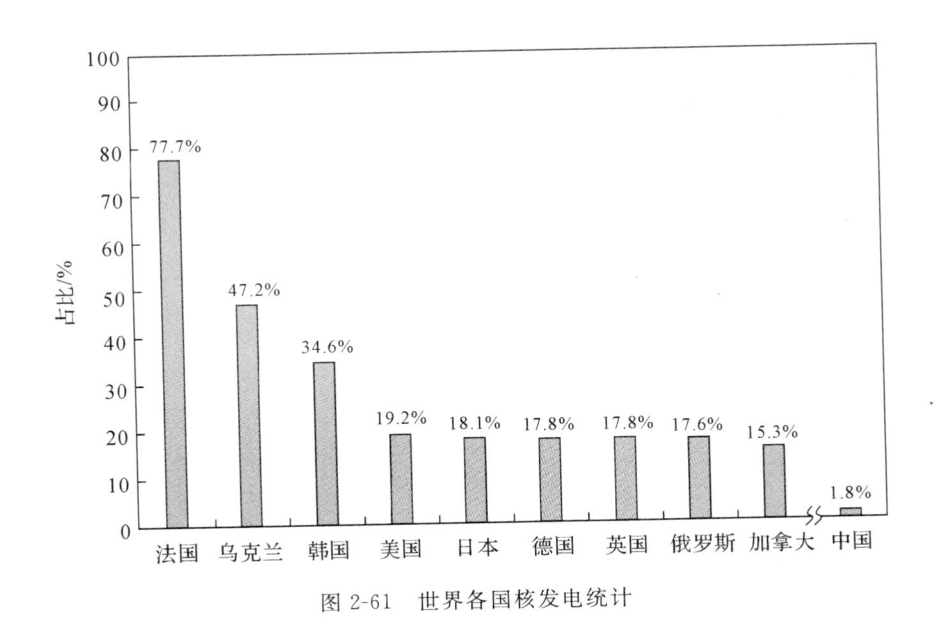

图 2-61　世界各国核发电统计

全球在建核电机组 68 台，装机容量约为 7069 万千瓦，其中超过 70%的在建核电机组集中在亚洲的中国、印度和欧洲的俄罗斯等国家。如图2-62所示。

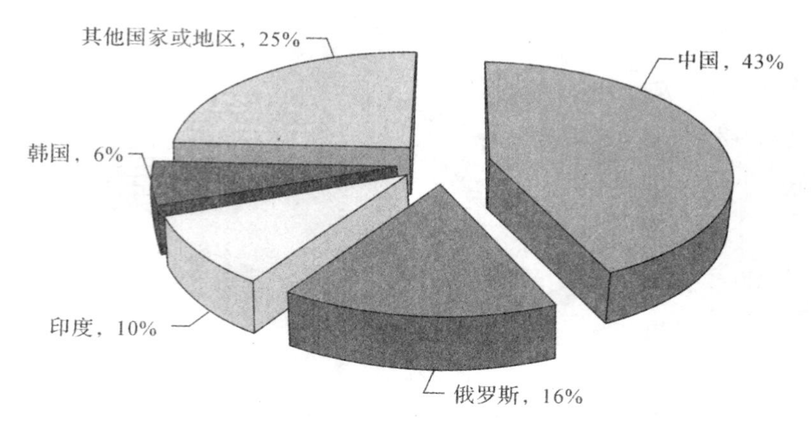

图 2-62　世界各国核电在建机组分布

三、发展趋势

1. 市场规模扩大

出于对环保、生态和世界能源供应等的考虑，核电作为一种安全、清洁、低碳、可靠的能源，近年来已被越来越多的国家所接受和采用，在全球部分地区掀起了核电建设热潮。如今，越来越多的国家正在考虑或启动建造核电站的计划，已有 60 多个国家正在考虑采用核能发电。到 2030 年前，估计将有 10～25 个国家加入核电俱乐部，将新建核电机组。据国际原子能机构预测，到 2030 年全球的核电装机容量增加至少 40%。

2. 研发新一代核电技术

目前，世界正在运行的机组采用的基本是第二代核电技术，如表 2-1 所示。世界各国在二代技术基础上进行了改进与创新，研发出三代核电技术。采用了改进型和革新型设计的新堆型提高了核电安全性、可靠性和经济性。

表 2-1　世界核电主要堆型及代表国家

堆型	代表国家	数量(台)
压水堆	美国、法国、日本、俄罗斯	269
沸水堆	美国、日本、瑞典	92
重水堆	加拿大	46
气冷堆	英国	18
石墨水冷堆	俄罗斯	15

3. 提高核电安全性、经济性

国际核能界总结了三哩岛和切尔诺贝利两大事故的教训和世界核电站近 1 万堆年的运行经验，在提高核电安全性和经济性方面取得重大突破。新建核电站的风险概率可在现有基础上再降低一数量级，同时通过简化系统和容量效应的发展降低了建造成本、运行成本等，使其低于传统的煤电、油电和水电等。

【想一想】

1. 已建成投入运行的核电站有哪些？这些核电站的核反应堆都采用什么技术？

2. 正在建设的核电站有哪些？这些核电站的核反应堆都采用什么技术？

3. 核电站由几部分组成，核电站是怎样发电的？

【做一做】

1. 上网查一查，我国在筹建中的核电站有哪些？与已建成投入运行及正在建设的核电站比较有什么不同？

2. 请做一份宣传核电站安全性的卡片。

第三章　新时期核电人才需求状况

第一节　中国核工业建设企业

经过30年的发展，中国核工业建设企业从中国核工业建设集团（下称中核集团）一枝独秀变为中核集团、中国广核集团（下称中广核）、国家核电技术有限公司（下称国核技）三足鼎立的局面。

一、中国核工业建设集团

中国核工业建设集团于1999年在原中国核工业总公司所属部分企事业单位基础上组建而成，是中央管理的国有重要骨干企业，是经国务院批准的国家授权投资机构和资产经营主体，主要职责是："承担核工程、国防工程、核电站和其他工业与民用工程建设任务"，2004年国资委批准集团公司主业为"军工工程，核电工程、核能利用，核工程技术研究、服务"。

中国核工业建设集团弘扬"创新发展、勇当国任"的企业精神和"至诚至信、唯专唯精"的经营理念。截至2010年末，中国核工业建设集团实现了年初制定的20%的增长速度目标。国有资产保值增值得到较好体现。

在军工工程领域，中国核工业建设集团承担了大量的国防科技工业军工建设任务，积累了丰富、先进的工程技术和管理经验，在高精尖和技术、保密等要求较高的军工建设领域以及核军工工程领域形成了独特的优势，成为国防军工工程的主要承包商之一。

在核电工程建造领域，中国核工业建设集团安全优质高效地完成了我国压水堆、实验快中子反应堆、重水堆等多种不同堆型核电站的建造，具有30万、60万、70万、100万千瓦级各个系列机组的建造能力与业绩，完成了巴基斯坦恰希玛核电站一期、二期工程建造，同时已经具备AP1000、EPR先进压水堆建造能力；形成了具有国际先进水平的核电建造管理模式，承担着我国大陆所有在建核电站核岛部分的建造任务。

通过产学研结合，开拓以高温气冷堆、低温核供热堆为代表的核能利用业务，逐步实现产业升级，提升核心技术水平；积极开拓核技术服务市场，努力实现中国核工业建设集团产业链延伸的目标；面向市场，承揽大型民用工程建设，开展环保工程投资等多项业务。

主要成员单位介绍如下。

1. 中国核工业第二二建设有限公司

1958年3月，为加快我国核工业建设，建工部直属第二建筑工程公司在我国西北地区组建成立（中国核工业第二二建设有限公司前身，以下简称二二公司）。从20世纪50年代末至70年代末，二二公司积极致力于我国核工业和国防工程建设，先后承建了我国第一个原子能联合企业以及许多重要的核工业基础设施，在我国核工业发展史上写下了光辉的一页。

改革开放以来，核工业发展进入新的阶段，20世纪80年代初，二二公司光荣地承担起我国大陆第一座核电站——秦山核电站的土建施工任务。之后，相继参建了秦山二期核电站、秦山三期核电站、田湾核电站和秦山二期核电扩建、方家山、三门、昌江等大型核电工程，施工地域遍布湖北、陕西、甘肃、山西、重庆、上海、天津、山东、安徽、浙江、福建、广东、海南、内蒙古、辽宁等二十余个省、市（区）。2006年8月，在国有企业改革政策指引下，公司通过主辅分离、辅业改制，在原核工业第二二建设公司的基础上，创立了中国核工业第二二建设有限公司，企业发展由此进入一个新的里程。

2. 中国核工业二三建设有限公司

中国核工业二三建设有限公司是中国规模最大的核工程综合安装企业，创立于1958年，2002年经国家建设部核定为施工总承包一级企业。中国核工业建设集团和中广核工程公司为共同出资人，公司注册地点为北京顺义。公司管理严格、技术实力雄厚，尤以核电工程、国防军工工程和石化工程安装施工见长，50余年来，公司承担了中国内地几乎全部核军工、核电站核岛，以及大部分核科研安装工程，在石油化工、轻工纺织、环保、建材、汽车、火电、航空航天、电子等基础建设领域中创造了多项优良纪录。

公司注册资本3.8亿元人民币，在国内十多个省市设立了多家具有安装施工能力的工程公司和项目部；拥有核电预制厂、核工业工程技术研究设计公司（中国安装协会焊接专业委员会设在该公司）等生产、科研单位；拥有国际原子能机构（IAEA）授权的全球唯一的“核电建设国际培训中心”，并控股一家香港上市公司。

在核工程领域，公司安装完成了包括大型石墨反应堆、大型浓缩铀生产厂、核动力装置及各类实验性反应堆，为我国“两弹一艇”的研制成功和核工业的发展做出了重大贡献。20世纪80年代以来，公司开创了国内核电站核岛安装工程之先河，先后承建了我国第一座核电站－秦山核电站（300兆瓦）核岛及辅助系统（BOP）的安装工程，我国第一座成套引进的大型商用核电站——广东大亚湾核电站（2×900兆瓦）核岛安装工程，并以优异的安装质量保证了两座核电站的顺利运行。进入“九五”以来，公司承担核岛安装工程的广东岭澳、秦山二期、秦山三期核电站均实现了提前投入商业运行，清华大学高温气冷反应堆（核岛及辅助系统）顺利实现实验成功，江苏田湾核电站成功实现并网发电并全面投入商业运行。随后，岭澳二期和秦山二期扩建工程、中国原子能科学研究院快中子实验反应堆等也顺利并网发电。辽宁红沿河、福建宁德、广东阳江、浙江方家山、福建福清、广东台山、广西防城港、海南昌江核电站核岛安装核工程施工项目也在按计划进行。

在公司获得的工程质量奖项中，其中大庆乙烯工程丁辛醇装置、秦山核电站核岛安装工程、西昌卫星发射中心第二发射工位建筑工程、岭澳核电站核岛安装工程、秦山三期核电站核岛工程等5项工程获国家建筑业最高奖——鲁班奖；大庆乙烯工程、高通量工程试验堆工程、中国环流器一号等10多项工程获国家优质工程金奖、银奖；北京“正负电子对撞机”工程获李鹏同志亲自签署的特别金奖，上海河流污水处理SB泵站机电安装工程荣获上海市政工程金奖；“岭澳核电站核岛管道焊接工程”、“秦山三期核电站核岛安装工程”分别被评为2003年和2004年“全国优秀焊接工程一等奖”;压水堆核电站主回路管道安装焊接技术、秦山核电站反应堆主回路管道安装技术、大亚湾核电站核岛安装计算机辅助管理网络系统等30多项工程获部级科技进步一、二、三等奖,其中核电站核岛电气安装、核电站核岛管道安装、核电站核岛自动化仪表安装、核电站核岛设备安装、核电站核岛安装焊接、工厂化管道预制工艺、核电站主系统设备安装技术、激光对中应用技术、玻璃衬里设备(反应釜)安装技术等9项技术获中国安装协会颁发的“中国安装之星”称号。

通过50余年的发展,尤其是经过连续30年不间断地从事核电站建设,公司已形成了“与国际接轨的项目管理能力、卓越的以核反应堆EM2安装为代表的工程施工能力、良好的工程现场设计和施工技术研发能力、高质量的核工程产业链全程服务能力、独特的核安全文化”等五大核心竞争力。

在经营活动中,公司还先后与法国、美国、英国、德国、日本、加拿大、韩国、俄罗斯、挪威、意大利等国家的众多国际知名公司建立了广泛的合作关系。

如今,公司秉承“竭诚为客户服务”的理念,以质量求生存,以创新谋发展,在立足本国市场的同时积极拓展海外业务,以为社会大众贡献清洁环保的绿色能源为已任,以奉献精品、成就员工、服务社会为使命,以满足世界需要为职责,致力于向管理型国际工程公司的发展目标迈进。

3. 中国核工业二四建设有限公司

中国核工业二四建设有限公司是中国核工业建设集团的骨干成员单位之一,是国内唯一一家承建过核电主要堆型和各种实验、科研堆型的核建企业,也是国家组建最早的从事核工程及国防工程建设的军工建筑企业;先后承建了我国第一套、第二套核武器研制基地和902、903、909、821、816、814等三线重点工程,为共和国“两弹一星一艇”的成功研制做出过历史性贡献;在发展中逐步成长为施工总承包壹级资质的大型综合性建筑安装企业,拥有房屋建筑工程、电力工程、市政工程、公路工程、核工程、机电设备安装工程、钢结构工程、土石方工程、地基与基础工程等项资质,同时具有国家核安全局颁发的1000兆瓦民用核承压设备安装资许可证、特种设备安装改造维修证、施工企业实验室壹级资质证、国防计量标准证书等资质。

50余年的发展历程中,公司与中国核工业共同成长,承担过众多核工程、国防军工工程和国家"863"计划的重点工程,施工足迹遍及国内近20个省/直辖市,为我国国防科技工业和国民经济建设做出了历史性贡献。公司在核电建设中,已建和正在建设的有浙江秦山核电、山东海阳核电、福建福清核电、山东石岛湾核电、江西彭泽核电,为我国核电建设和人类清洁能源事业发展立下了新的功绩。公司主营业务定位清晰,产业结构不断调整,已经形成"土建+安装"的建筑施工产业链。

公司始终坚持"人才兴企"和"科技兴企"战略,拥有一支技术门类齐全的管理技术人员队伍和技术工种齐备的技术人员队伍,拥有与企业资质等级、技术水平匹配规格齐全的施工技术装备和科技研发能力,并拥有国家核安全局选定的焊工考核中心。

目前,公司正在实施新一轮发展战略,争取在"十二五"末发展成为具有产业链经营能力、主营业务突出、同心多元化发展良好,并努力成为拥有核心技术和EPC(设计一采购一建造)能力的国内一流的知名企业。

4. 中国核工业第五建设有限公司

中国核工业第五建设有限公司组建于1964年,是一家以国防工程、核工程、核电工程和工业与民用建筑安装工程业务为主的具有建筑、安装总承包资质的大型综合性建筑安装企业。

公司具有电力(核电)工程、化工石油工程、机电安装工程、房屋建筑工程等四个施工总承包一级资质;核工程、钢结构工程、起重设备安装工程、化工石油设备管道安装工程等四个专业承包一级资质;取得了中华人民共和国民用核安全设备制造、安装许可证,压力管道安装、压力容器制造、锅炉安装和起重机械安装维修资质许可证;取得了中国合格评定国家认可委员会实验室认可证书及国家核安全局认定的民用核安全设备焊工焊接操作工考核中心认可证书,同时具有对外经济合作经营资格的施工企业。

在核电建造领域,公司是国内唯一一家具有核电站核岛、常规岛建造业绩的企业;先后参与完成了秦山核电站一期工程、广东大亚湾核电站、阿尔及利亚同位素反应堆工程；独立完成了巴基斯坦恰希玛核电站一期、二期、秦山核电二期扩建4号机组安装工程和秦山二期辐射厂房、2号机组常规岛安装工程；组织完成了秦山三期核电站、田湾一期核电站大型设备吊装工程；建立并有效实施了第三代核电AP1000自主化依托项目三门、海阳一期核岛工程施工总承包模式，率先成为国内第一家核电站核岛建安施工总承包企业。目前，公司正组织三门/海阳核电工程、福建福清核电站常规岛安装工程、巴基斯坦恰希玛核电站三期、四期等核电安装工程建设。

在非核工程领域，公司立足上海，以"长三角"为主要发展基地，向"珠江三角"等多个区域拓展，具备土建、安装施工总承包的能力，在LNG工程领域具备EPC总承包能力，在石油化工、电子医药、非标制作、吊装运输领域具有一定的社会知名度。公司参与了上海石化一、二、三、四期工程建设，并在全国各地承担了石油化工、化纤等各类重大工程项目的施工工程，承建了包括中国第一套神华煤直接液化工程、国内单体容量最大的上海洋山港16.5万立方米的LNG低温罐储运工程。目前，公司承担了国内LNG低温罐制安市场近60%的份额。

公司曾先后荣获中国建筑工程鲁班奖、国家优质工程金奖、银奖、省部级优质工程奖、上海市白玉兰杯、申安杯优质工程奖等多个奖项，拥有发明/实用新型专利43项。公司先后24次被评为上海市优秀公司，是上海市建筑企业综合实力前50强企业。

5. 中国核工业中原建设有限公司

中国核工业中原建设有限公司是经国务院经贸办批准于1992年12月正式成立。1999年7月进入中国核工业建设集团，成为其全资子公司。

公司具有建设部颁发的：房屋建筑、机电安装、公路工程总承包一级资质；以及环保、核工程、土石方、建筑智能化、地基与基础等专业施工一级资质，可承担各类工业与民用建设工程的建造施工。

公司下设多个分公司，在全国各地承担各类建设工程。公司先后完成了巴基斯坦恰希玛核电站和秦山二期核电站施工总承包任务，以及各类工业与民用建设工程，并荣获国务院颁发的"国家科学技术进步一等奖”。

公司拥有70吨、120吨、200吨、400吨、600吨、800吨、1000吨、1350吨、3200吨大型系列吊车机组，大件吊装能力堪称国际一流。

经过多年发展，公司现已成为我国核工程、国防工程以及各类工业与民用建设工程领域里一支重要骨干力量。

二、中国广核集团

中国广核集团是伴随我国改革开放和核电事业发展逐步成长壮大起来的中央企业，由核心企业中国广核集团有限公司和30多家主要成员公司组成的国家特大型企业集团。1994年9月，中国广东核电集团有限公司正式注册成立，注册资本102亿元人民币。2013年4月，中国广东核电集团正式更名为中国广核集团，中国广东核电集团有限公司同步更名为中国广核集团有限公司。

中国广核集团以“发展清洁能源，造福人类社会”为使命，以“国际一流的清洁能源集团”为愿景。截至2014年8月31日，中国广核集团拥有在运核电装机1162万千瓦，在建核电机组13台，装机1550万千瓦；拥有风电投运装机达500万千瓦，太阳能光伏发电项目发电装机容量50万千瓦，水电控股在运装机147万千瓦，在分布式能源、核技术应用、节能技术服务等领域也取得了良好发展。

中国广核集团自成立以来，以“安全第一，质量第一，追求卓越”为基本原则，坚持“一次把事情做好”的核心价值观，在成功建设大亚湾核电站的基础上，形成了“以核养核，滚动发展”的良性循环机制，建立了与国际接轨的、专业化的核电生产、工程建设、科技研发、核燃料供应保障体系。2005年以来，集团进入风电、水电、太阳能、节能技术等新业务领域，拥有七个国家级科研机构，具备了在确保安全的基础上面向全国、跨地区、多基地同时建设和运营管理多个核电、风电、水电、太阳能及其他清洁能源项目的能力。

三、国家核电技术公司

国家核电技术公司于2007年5月22日成立，是中央管理的国有重点骨干企业之一。

国家核电技术公司是受让第三代先进核电技术，实施相关工程设计和项目管理，通过消化吸收再创新形成中国核电技术品牌的主体；是实现第三代核电技术AP1000引进、工程建设和自主化发展的主要载体和研发平台；是大型先进压水堆核电站重大专项CAP1400/1700的牵头实施单位和重大专项示范工程的实施主体。

国家核电技术公司主要从事第三代核电（AP1000）技术的引进、消化、吸收、研发、转让、应用和推广，通过自主创新，形成自主品牌核电技术；组织国内企业实现技术的公平、有偿共享；承担了第三代核电工程建设、技术支持和咨询服务；电力工程承包与相关服务，以及国家批准或授权的其他方面的业务。

国家核电技术公司不断深化在先进核电技术研发设计、相关设备、材料制造、工程管理、运行服务等环节的产业布局，目前已形成拥有13家全资控股子公司、3家参股子公司和6家分支机构，设有国家重点实验室、国家能源研究中心和国家认定的企业技术中心的核电技术集团。

第二节　中国核电站建设的人才需求情况

核电人才从狭义上讲是指直接从事核电科研、设计、建造、监理、执照申请审查、运行、辐射防护监管等方面的人才；广义上还应包括核电设备加工、燃料元件制造、废物处理和处置等为核电企业提供支持和服务的人才。

我国核电事业经历了从无到有、从小到大的发展过程。在这个过程中，核电人才队伍也在不断发展壮大。但由于我国经济社会发展迅速，对核电的需求越来越旺盛，对核电人才的需求也越来越旺盛，因此，加快核电人才的培养成为当务之急。

一、国内核电人才现状与需求

从20世纪70年代以来，随着我国核电事业的发展，核电人才队伍也逐步培养起来。秦山核电站从80年代初以来招收大中专院校毕业生共1150多人。经过电站的建造、调试、运行等过程的多年培养，这些人绝大多数成了电站生产、运行、管理等各方面的骨干。大亚湾核电站基地自建成以来，良好的商业运行业绩使其在国际上赢得了良好的声誉，这离不开大批的核电工作者的创造和努力。目前已投入商业运行的岭澳一期核电站和正在建设中的岭澳二期核电站也为核电事业培养了大批优秀的人才。作为国内早期的核电人才培训基地，秦山核电站和大亚湾核电站不仅满足了自身安全运行的需要，也为核电管理机构和其他核电企业输送了核电管理及技术人员，为祖国的核电人才队伍培养做出了贡献。但这与我国核电事业发展的需求相比还有不小的差距。

二、来自新建核电站的人才需求

根据国家能源发展的中长期规划，到 2020 年，核电运行装机容量争取达到 4000 万千瓦，即在未来的十几年里，核电将新增 2300 万千瓦以上的装机容量，这意味着需要新开工建设 30 台左右的百万千瓦级核电机组，也就是从现在起，每年要开工建设 3 台百万千瓦级的核电站。这一目标的确定，对核电人才的数量提出了很大的要求。

这些未来的核电站在建设时期和运行时期都需要大量的核电专业人才作为保证。建设阶段，制造一个单机组核电站的设备和部件需要约 3000 名专业管理人员、技术员和技术工人。这还只是对于单一机组建造过程而言，若要满足核电的可持续发展和多项目同时启动的要求，这个数字还远远不够。建成以后，发电系统的运行和设备的维护修理所需要的核电人才数量也是一个很大的数字。

不管是哪种规模的核电站工程的计划、管理和实施，在专业和技术方面都需要合格人才，这包括 500～700 名经过专门训练的技术员和 400～600 名专业人员（主要是工程师），在施工阶段，还需要 2000～2700 名熟练的技术工人。虽然设计、制造和施工任务一经完成，所需人员可大大减少，但是人员的质量要求却不能降低。当然并不是核电站的全部工作时期都需要这么多人员。除了运行人员外，许多人员只是在工程的某些阶段需要。在未来的十几年中，必须对这些人才的培养做出系统的安排。目前国家的核电发展规划已经为人才培养使用指明了方向，以成熟的基地作为人才培养的中心，以多项目的可持续发展作为目的，尽可能实现人才的培养、循环和补给模式。图 3-1 是三门核电站一期工程（2 台 AP1000 机组）人力需求曲线。

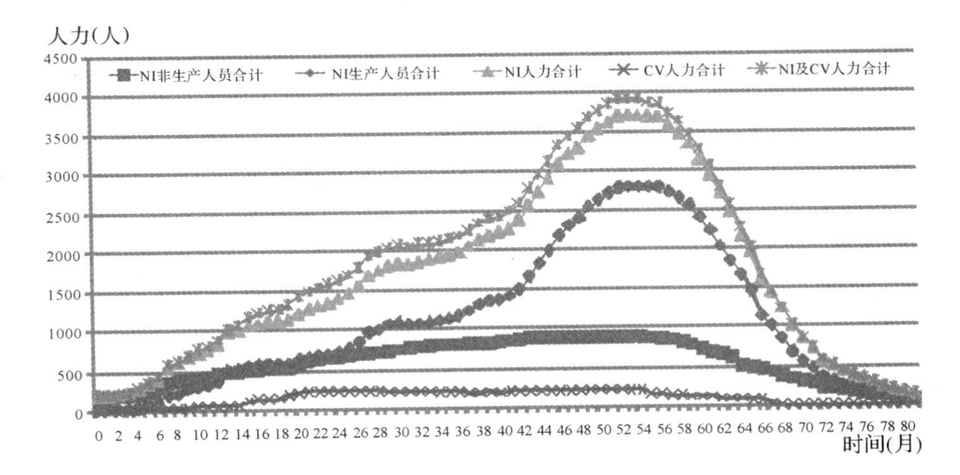

图 3-1　三门核电站一期工程人力需求曲线

三、实现核电建设国产化的人才需求

现在，我国核电发展力量还比较薄弱，要完全依照自己的力量来完成国家能源发展的中长期规划还相当困难。大亚湾核电站的建成投产，说明我国已初步具备了“以我为主、中外合作”建设百万千瓦级压水堆核电站的能力，但是也存在许多问题。在大型商用核电站方面，设计技术不全面，没有完善的标准体系，设计管理技术、项目管理技术与国际水平还存有差距，也不具备独立自主设计“第三代”大型核电站的能力。而要实现核电站建设国产化，其中关键的就是需要掌握核电设计与设备建造的核心技术能力。

我国核电发展的一个重要技术瓶颈在于，核心部件主要还是依靠进口。从现在的情况看，岭澳一期工程顺利建成投产，我国核电建设的国产化率有所提高，但对此要有清醒的认识。对于核电设备的关键部分核岛，核岛的关键部分核反应堆压力容器等，我们还不能实现自己设计制造，我国不能只通过一些边缘技术的自主化带动着整体国产化率的提高。国内建成或者正在建设的核电机组中，近九成的核心技术及设备须从国外进口。在秦山二期、三期、大亚湾、岭澳、田湾等项目中，国内只能提供大部分辅助设备，或者只能合作提供个别主设备。

在“十一五”期间，我们要通过国内研究人员自主研发和国外技术转让，争取掌握核电建造的关键技术，来实现建造中国完全自主化的先进压水堆核电站。根据现状，我国核电的主导产业在今后几十年中仍是以压水堆为主。当然从国际环境来说，我国的核能发展遵循的应是热中子反应堆—快中子反应堆—受控核聚变堆“三步走”的发展战略。我国核能利用的快速发展，必须建立在提升核心技术能力，特别是形成自主知识产权的基础上，这就需要大量高素质的核电技术人才。

四、来自国际热核实验堆的人才需求

国际热核聚变实验反应堆（ITER）是一个国际聚变研发项目，目标是把聚变能开发成一种安全、清洁和可持续的能源。热核聚变研究始于 20 世纪 50 年代。从原理上说，热核反应堆是通过氢同位素氘和氚的原子核实现核聚变。与目前核电站利用核裂变反应发电相比，用受控热核聚变的能量来发电具有能量释放大、实验资源丰富、成本低、安全可靠等优点。ITER 国际合作始于 1987 年。我国参与该计划研究工作的有中国科学院等离子体物理研究所、核工业西南物理研究院、北京大学等单位。

我国参加核聚变研究的中心目标，是在可能的条件下使核聚变能反应堆尽早在我国建成。另外，国家也将支持与之配套和互补的一系列重要研究工作，如托卡马克等离子体物理的基础研究工作和示范聚变堆的设计及必要技术或关键部件的研究设计等。可以说参加 ITER 计划是我国聚变能研究的一个重大机遇。这是目前我国所参加的规模最大的国际科技合作项目，我国要发挥自己的特点，在技术和人才等方面为参加 ITER 计划作相当的准备。为了使我国有能力完成约定的 ITER 部件制造任务，在合作过程中全面掌握聚变实验堆的技术，充足的研究人员是必不可少的。

对于来自核电建设国产化的人才和国际热核实验堆的人才需求，需要通过专门的培训及高等院校和科研机构来培养，主要形式有以下几种：①培训。包括由设备设计、生产、制造厂商提供的应用培训，选派技术骨干出国留学、访问，与其他核电业主合作开发项目，参与现场生产、项目管理，在工程实际中边干边培训；②企校联合办学。中广核集团与有核技术专业的大学签订企校合作培养核电人才协议，以“订单＋联合”的培养模式，挑选大学三年级学生进行有针对性的培养；③创办核电专业大学。国

家核技术公司在2009年3月组建了国核大学，专门培养核电人才。

对于来自新建核电站的熟练技术工人的需求，除核电站建设企业对新招聘劳动者通过培训解决一部分外，还可采用“订单”形式，由中职学校专门培养来实现。

第三节　中职学校为核电站建设培养人才情况

据调查，最早为核电站建设培养人才的中职学校是四川核工业工程学校，浙江省开设有与核电站建设相关专业的中职学校是海盐理工学校和三门职业中专。

一、四川核工业工程学校为核电站建设培养人才情况

四川核工业工程学校、四川核工业技工学校和中国核工业第二三建设公司培训学院是三块牌子一套机构，是集大专、中专、技能培训以及职业技能鉴定为一体的综合性职业技术院校，学校创办于1979年，经过20多年的艰苦创业，学校已发展成为四川省最大规模的技工学校。现有在校学生14654人，占地面积526亩。拥有广元第一校区、第二校区和成都校区3个校区，在新疆阿勒泰、新疆博州、陕西旬阳、四川通江建有4所分校。2006年又投资1.1亿元，建设一所占地面积205亩、能容纳8000人的现代化新校区（位于广元市利州区宝轮镇），2007年投入使用。图3-2是四川核工业工程学校广元第二校区全景。

图3-2　四川核工业工程学校广元新校区

学校在担负起为我国核电站建设培养人才的重任的同时，还面向社会招收并定向培养了大批实用、紧缺人才。学校自成立以来，已向秦山核电站、大亚湾核电站、岭澳核电站、连云港核电站、广州乙烯工程、南海石化工程等培养了2万余名中高级技术人才，其中处级以上干部50余人、科级干部100余人、班组长300余人；技术骨干占80%。

二、海盐理工学校为核电站建设培养人才情况

海盐县理工学校是一所以先进制造业和现代服务业专业为主的理工科学校，是浙江省一级重点中等职业学校、浙江省级中等职业教育改革发展示范学校建设项目单位、浙江省中等职业教育创新创业课程教学试点学校、浙江省级先进制造业技能型人才培养培训示范基地、浙江省级综合性公共实训基地、浙江省“优秀职工教育培训基地”、浙江省职业教育先进单位、“浙江省科研兴校200强”学校、嘉兴市“十佳培训机构”、嘉兴市农村劳动力优秀培训基地。学校占地面积182亩，建筑面积近78985平方米，拥有专业实训设备2200多万元。学校开设有数控技术、机械加工、机电技术、电子电工等16个主要专业。其中机械加工专业是浙江省示范专业、嘉兴市专业创新基地，数控技术专业和电子技术专业是嘉兴市示范专业。图3-3是海盐理工学校全景。

图3-3　海盐理工学校

从1998年起，学校就开始为核电建设培养技术人才，从最初的装配钳工专业的订单招生到如今的核电专业，学校和核电的联系越来越紧密。每年均有一批学生被核电建设单位、海盐万纳神核检修有限公司以及本

地的核电关联企业录用。为进一步扩张学校服务于核电产业的能力，学校于2013年开办了核电设备安装与维护专业，每年招收一个班级，人数为50人，开展专门为核电站建设单位培养人才。

在全日制学生培养的同时，学校每年均针对核电运营、中国核工业第二二建设公司、第二三建设公司的转岗员工、新招聘大学生、社会招聘劳务人员等开展专业技术培训工作。与之相对应，学校每年也聘请核电建设行业的专家、用人单位人员到校对专业培养目标、建设方向进行论证和商讨；对本校学生、培训员工等对象做核电知识的报告、专业技能的培训辅导。通过校企互助，整个专业发展逐步迈入良性发展。

三、三门职业中专为核电站建设培养人才情况

三门职业中专是一所融学历教育和非学历技能培训为一体的国家重点职业学校，是国家中职教育改革与发展示范校建设单位。图3-4是三门职业中专全景。

图3-4　三门职业中专

学校根据社会发展需要，主要开设机电一体化、电气技术应用、数控技术应用、船舶修造、核电设备安装与维护、旅游服务、护理、学前教育、会计、文秘、工艺美术等16个专业。学校还凭借自身优秀的职业教育资源，全力接纳农村劳动力素质培训和企业岗位技能培训。

学校先后获“全国德育管理先进学校”、“全国勤工俭学先进集体”、“全国科教兴农先进集体”、“国家级电子电工与自动化实训基地”、“省机电制造业实训基地”、“省优秀职工培训基地”、“省优秀预备劳动力培训基地”、“浙江省现代教育技术实验学校”、“浙江省科研兴校200强”、“省平

安校园”、“浙江省绿色学校”、“浙江省中职品牌学校”等荣誉称号。

2010年7—8月，三门职业中专分别与三门核电站建设单位——中国核工业第五建设公司三门总承包部、中国核动力设计研究院三门项目部、三门金源核技术服务有限公司签订了联合办学定向就业“订单教育”协议。按协议规定每班招生40人，分别以“核电电工班”、“核电钳工班”、“核电保安班”冠名。2013年7月订单班学生除个别放弃去核电建设单位就业的机会外，其余均到订单企业就业。

2011年三门职业中专为与三门核电站建设单位的“订单教育”专门申报了一个专业——核电设备安装与维护，并分三方向(电工、焊工或管工、钳工)向初级中学招生，从此学校每年向初级中学招生2～3班。该专业2012年所招120名学生经过两年半的文化专业理论教学和校内实训，目前，这些学生已完成各种技能等级考核，正准备分组去江苏连云港田湾核电站、广东大亚湾核电站综合实训，实训结束后，学生可留在实训单位就业，也可根据学校课程考核、实训考核情况，由三门核电站建设单位依用人计划录用。

三门职业中专自从与三门核电站建设单位开展“订单教育”以来，还不定期地为下单企业提供各种培训服务。

【想一想】

1. 中国核工业建设企业有哪些？你就读的学校与哪些企业有联系？
2. 建设一个单机组核电站需要多少熟练的技术工人？
3. 中国在为核电站建设专门培养熟练技术工人的学校有哪些？

【做一做】

1. 走访当地核电站或核电站建设企业，了解核电站建设人才需求状况。

第四章　专业对应的职业群和职业资格要求

第一节　核电设备安装与维护专业对应的职业群

职业是多种多样的，中职毕业生要在众多的职业中找到适合自己的职业，在校期间就要了解自己所学的专业相对应的职业有哪些？了解自己心仪的职业岗位有什么的要求？同时努力学习，积极参加社会实践，使自己职业素质和职业能力与职业岗位要求相匹配。

一、中职学校专业学习的意义

在现代社会里，一个人不经过学习，不掌握一定的专业知识和技能，就很难谋生，更不能创造人生价值。因此，中职学生在学校期间，要重视专业学习，努力完成学业。

1. 学好专业是顺利实现就业的必备条件

在工作岗位上，没有一定的专业知识、专业技能，不具备职业所必需的本领，就无法履行岗位职责，完成工作任务，就像学驾驶的不会开车、当护士的不会打针一样。不学专业，没有一技之长，就是过去最普通的职业也难以胜任。在一些经济和科技发达的国家，要当农民，先要完成义务教育，再进入农业学校学习三年，而后到农场当一年的学徒工，经考核合格后，才能获得当农民的资格。在就业竞争日趋激烈的形势下，只有具备扎实的专业知识和过硬的专业技能，才能在就业竞争中占有优势，为顺利实现就业创造有利条件。

2. 学好专业是实现人生价值的基础

一个人只有学好专业，完成学业，才能找到职业。在职业舞台上，只有灵活运用专业知识，充分发挥专业特长，才能提高工作效率，出色完成工作任务，使付出的劳动得到社会承认，聪明才智得以发挥，个性得以展示，人生价值得以实现。

二、专业与职业的关系

专业和职业既有区别，又密切相关，专业学习是职业工作的基础，职业的要求对专业学习有导向作用。不同的专业都有相应的职业群与之对应。职业群一般由工作内容、技能要求相近、从业者所应该具备的素质接近的若干个职业所构成。

1. 专业学习是职业工作的基础

浙江省中等职业教育正在进行课程改革，改革后将实施“公共课程＋核心课程＋教学项目”类型为主的课程新模式。

(1)公共课程。公共课程着眼于基础性、应用性和发展性，为后继专业课程教学服务，为学生终身发展服务。

(2)核心课程。核心课程突出实践能力和动手能力的培养，原则上每个专业确定5种左右核心技能，设置5～8门核心课程。

(3)教学项目。教学项目努力为专业教学与岗位工作任务有效衔接服务。按照需要，将工作任务的构成要素进行分解并转化为可付诸教学实习的“项目”群，从而实现技能训练与职业能力之间的有效“对接”。

中职学生在校期间只有学好公共课程、核心课程才能满足未来的职业工作的要求，为今后的发展奠定基础。

2. 新职业的产生对专业设置有导向作用

随着科学技术的发展，职业在不断发生变化。特别是新兴职业的不断出现，使中职学校对专业课程的设置不断调整，新专业顺势而设。特别是与新兴职业相联系的新专业备受人们的青睐，如核电设备安装与维护专业就是随着我国核电产业的兴起而产生的新专业。

3. 不同的专业都有相应的职业群与之对应

中职学生所学的专业都有两个职业群与之对应。一个是初次择业时可以选择的职业群，另一个是选定职业后可以谋求发展的职业群。

三、核电设备安装与维护专业对应的职业群

根据我们对核电建设企业用工需求情况调研可知，核电设备安装与维护专业毕业生初次择业时可以选择的职业群对应的职业岗位有：机械设备安装工、机械设备检测维修工、管道设备安装工、管道设备检测维修工、电焊工、电工等。由于中职三年中，中职学生既要学习学历教育的课程，又要学习职业技能课程，要学完初次可以选择的职业岗位对应的全部课程，在时间安排上是难以做到的，作为一线员工也是没有必要的。因此，学校一般先安排学历教育的课程，然后在二年级结束时让学生选择一个职业方向，专门强化技能训练。

当你进入核电建设企业后，你一定会谋求发展，核电建设企业可以谋求发展的职业群有：管理员、技术员、工程师等。因此你一方面要继续学习，以提升自己的学识与学历，为自己职务升迁做准备；另一方面要加强专业技能学习与训练，并通过技能等级鉴定，提高自己技能等级。

第二节　核电建设企业对从业者的职业资格要求

选择机制引进就业领域后，人们有了较大的求职择业自由度。但选择是双向的，当求职者按照自己的意愿选择合适的职业时，用人单位也在根据职业岗位的要求选择合适的求职者。并且随劳动人事制度改革的不断深入，用人单位对求职者越来越“挑剔”。如果求职者不具备职业所要求的素质，就会失去许多求职机会。所以，求职者要顺利地叩开职业大门，首先要了解用人单位对从业者的具体要求。

一、职业对从业者的要求

不同职业对从业者的要求是不尽相同的。认识职业对从业者的要求，对于促进中职学生学习，提高中职学生的职业素养，使中职学生在择业求职时能实现人职匹配有重要意义。

1. 职业素质

职业素质是劳动者在一定的生理和心理条件的基础上，通过教育实践和自我修养等途径形成和发展起来的，在职业活动中发挥作用的基本品质。

用人单位在招聘新员工时，招聘者不仅要看应聘者实际操作能力的强弱，更主要的是要通过各种方式了解应聘者的职业素质。因此中职学生要利用在校学习的机会，努力提高自己的职业素质。

2. 职业对从业者职业素质的要求

职业素质包括职业道德素质、科学文化素质、专业技能素质和身体心理素质。

(1)职业道德素质

职业道德素质是从业者在职业活动中表现出来的遵守职业道德规范的状况。职业道德规范是从业人员调整和处理职业活动中各种关系的准则和基本要求；同时也是判断、评价从业人员的职业行动和职业行为的是非、好坏、善恶的标准。不同的职业由于工作内容、社会责任、服务对象和服务手段不同，决定了它对职业道德有不同的要求。职业道德素质的培养要从日常生活的点滴做起，要立足于自己所学的专业及对应的职业群，要逐渐养成良好的职业行为习惯。

(2)科学文化素质

科学文化素质是从业者对人类文化成果的认识和掌握程度。中职学生的科学文化素质主要来源于文化课程和专业课程的学习。中职学生在校要通过课程的学习，认识和掌握自然、社会知识，培养良好的学习态度、学习方法、学习习惯，为将来的就业以后能立足社会、谋求发展打好基础。

(3)专业技能素质

专业技能素质是从业者在职业活动中，在专业技能和专业知识方面表现出来的状况与水平。它是一个人从事某项职业必须具备的基本素养，是一个人择业的基本参照和就业的基本条件，也是一个人胜任职业岗位工作的基本要求。因此，中职学生在校期间要立足专业学习，积极参加技能训练，不断提高自己的专业技能素质，为毕业后的就业做好准备。

(4)身体心理素质

身体心理素质是从业者身体器官的机能和心理品质的状态和水平，现代社会的职业劳动要求从业者有健康的体魄与健全的心理。因此，中职学生在学习期间要积极参加体育锻炼，并养成良好的生活习惯，使自己有健康的体魄，同时要积极参加社会实践，使自己情感健康，意志坚强。

二、核电建设企业对从业者的职业资格要求

获得一定职业资格证书，不仅是中职学生取得毕业证书的需要，也是核电建设企业对从业者的职业资格要求。核电建设企业对某些工种除了对职业资格证书有要求外，还对特种作业有获取操作证书的要求。表4-1是核电建设企业常见的工种对应的职业资格要求。

表4-1　核电建设企业常见的工种对应的职业资格要求

工种	职业资格证名称	职业资格证等级	特种作业操作证
机械设备安装工	工具钳工 装配钳工	初级、中级、高级、技师、高级技师	
	普通车床操作工	初级、中级、高级、技师、高级技师	
	数控车床操作工	中级、高级、技师、高级技师	
	数控铣床操作工	中级、高级、技师、高级技师	
管道设备安装工	管道设备安装工	初级、中级、高级、技师、高级技师	
管道检测维修工	管道检测维修工	初级、中级、高级、技师、高级技师	
电焊工	电焊工	初级、中级、高级、技师、高级技师	需有相应等级操作证

续表

工种	职业资格证名称	职业资格证等级	特种作业操作证
电工	安装电工	初级、中级、高级、技师、维修电工	需有相应等级操作证(强电、弱电)
	高级技师		
……			

注:核电焊工特种作业操作证考核需经技术来源方或授权单位考核。

【资料链接】

职业技能等级鉴定

我国对许多职业已颁布了《职业标准》,对从业者资格做出限定,并规定职业技能等级。我国的职业标准一般把职业技能分为5个等级,即初级、中级、高级、技师、高级技师;也有的职业分为4级,即中级、高级、技师、高级技师;还有的职业分为3级,即初级、中级、高级,或中级、高级、技师;个别职业只有2级,即技师、高级技师。不同的技术等级对从业者提出了不同的要求,主要包括学历、知识水平、工作年限、工作业绩、培训经历等。

中职学校与政府劳动部门及职业技能鉴定机构不断加强联系(有的学校在校内就设有职业技能鉴定机构),使我们中职学生在校学习期间就能参加职业技能鉴定。职业技能鉴定的内容包括职业知识、操作技能、职业道德三部分,鉴定的形式包括知识考试、技能考核两个部分。

特种作业操作证报考条件

1. 年满18周岁,且不超过国家法定退休年龄。

2. 具有初中及以上文化程度。

3. 身体健康,无高血压、心脏病、癫痫病、眩晕症等妨碍本作业的其他疾病及生理缺陷。

4. 具备必要的安全技术知识与技能。

5. 相应特种作业规定的其他条件。

【想一想】

1. 专业学习与就业的关系？

2. 自己心仪的职业岗位有什么职业资格要求？

【做一做】

1. 向当地核电建设企业的管理人员了解，核电设备安装与维护专业对应的初次择业时的职业群和就业后可以谋求发展的职业群包有哪些职业岗位？

2. 向当地核电建设企业的管理人员了解，核电建设企业职业岗位对从业者有什么基本要求？

第五章　课程教学与实训

第一节　课程教学

课程教学通过课堂教学来实现，课堂教学是学校教学工作的基本形式，是学生获取知识的主要渠道。因此，我们要构建完整课程体系，合理确定课程教学目标，创课堂教学方法，开发有特色的实用教材，让学生学到真正有用的知，获得就业所需的职业能力。

一、实施课程模块化，构建完整课程体系

中等职业教育以培养技术应用型和技能型人才为根本任务，因此，以“职业岗位能力”为主线，设计学生的知识能力结构，改革专业课理论教学与技能训练项目，精心制订各课程的教学计划和教学大纲，将单科独进，理论实践分离的安排，改变以培养职业能力为本位，理论实践交叉融化，实现一体化教学模式，实施“核心课程＋教学项目”的课程模式，教师需要对专业理论教材内容进行重新整合。理论讲授与实践操作融为一体，突出专业理论的基础性、指导性，为提高学生专业技能服务。

二、合理确定课程教学目标

中职教育主要培养应用型和操作型人才，可以具体到机械设备、电器仪表的操作及设备的故障诊断、检测、维修等职业岗位。针对不同岗位，课程教学要各有针对性，知识和能力结构各有特点。

核电设备操作人员要以设备的结构和性能为特点进行课程设置和能

力培养，核电设备的检维修人员不仅要熟悉各设备的结构和性能特点，而且要侧重设备原理、电气控制，掌握各种典型设备的参数、介质的要求、常见故障及诊断方法等。

三、课堂教学理实一体化，实施“师徒式项目”教学模式

专业理论与技能训练齐头并进，互相配合，实现理实一体化教学。学生与学徒合一，教师与师傅合一，作业与产品合一，育人与创业合一，专业课教学力争实现全堂实习实训，重视操作技能培养，加强实践训练，不仅重视核电设备、仪表的简单操作，而且必须重视对管道、离心泵、阀门等机械设备与电器仪表故障检测、维修等专业技术能力的训练。通过校企合作订单式培养，将企业需求与学校培养、理论与实践结合起来，从而使每个学生有机会独立动手操作，切实提高学生实践动手能力。

四、开发有职业特色的实用教材

核电设备安装与维护是新开发的中等职业教专业，学校将围绕“校企合作、技能领先、可持续发展”的教材建设要求，加强校企合作，开发教材。开发教材时，学校组织专业课教师下核电建设企业调研，明确用工企业岗位的职业技能要求，根据职业技能要求确定初、中、高三级教学目标，依据岗位工作任务确定应知应会内容。然后教学分为两个层次：理论教学——知道为什么要这样做（应知）；实践教学——掌握怎么做（应会），再根据中职学生学习能力和特点以项目形式，编写具有特色的实用教材。

【资料链接】

三门职业中专核电设备安装与维护专业教学计划表

课程类别		序号	课程名称	考核	学分	学时	开设学期及周课时数					
							1	2	3	4	5	6
核心课程模块	公共必修课程	1	语文	试	10	200	3	3	2	2		
		2	数学	试	8	160	2	2	2	2		
		3	英语	试	8	160	2	2	2	2		
		4	计算机应用基础	试	6	120	3	3				
		5	职业道德与法律	查	2	40			1	1		
		6	哲学·职业·生活	查	3	60				1	2	
		7	体育与健康	试	5	100	1	1	1	1	1	
		8	心灵乐园	查	4	80	1	1	1	1		
		9	心理健康	查	2	40					2	
		10	走进核电	查	2	40	1	1				
		小计			50	1000	13	13	9	10	5	
	专业必修课程	11	机械制图	试	5	100	3	2				
		12	核电钳工技能	试	5	100	3	2				
		13	机械基础	试	6	120		2	4			
		14	电工基础	试	6	120	4	2				
		15	电子技术基础与技能	试	5	100		2	3			
		16	离心泵检测与维护	试	6	120				3	3	
		17	核动力阀门检测与维护	试	6	120				3	3	
		校外实训(顶岗实训)			35							35
		小计			74	780	10	10	7	6	6	35

续表

课程类别		序号	课程名称	考核	学分	学时	开设学期及周课时数					
							1	2	3	4	5	6
自选课程模块	限定选修课程	18	金属材料与热处理	试	6	120	3	3				
		19	核电管工	试	6	120				2	4	
		20	核电焊工	试	6	140			2	2	3	
		21	核电电气仪表检维修	试	6	120			4	2		
		22	工厂电气控制	试	6	160	3	3				
		23	PLC 技术	试	6	120			4	2		
		24	配电柜制作	试	6	120				2	4	
	自由选修课程	25	创新教育	查	2	40						
		26	创业教育	查	2	40						
		29	职业素养教育	查	4	80						
		30	AutoCAD 制图	查	3	60						
		31	核电站安全教育	查	3	60						
		32	工厂供电	查	4	80						
		33	核工业企业管理	查	2	40						
		34	……									

1. 限定选修课程学分要达 30 学分以上；

2. 自由选修课程学分要达 38 学分以上；

3. 总学分要达 192 学分以上。

第二节　校内外实训

实训是职业技能实际训练的简称，是指在学校能控制状态下，按照人才培养方案，对学生进行职业技术应用能力训练的教学过程。实训与一般意义上的实验、实习不同，具有实验中“学校能控”、实习中“着重培养学生职业技术性”的显著特征。

中等职业教育的实训环节主要依托于特定的环境，包括师资、场地、设备及技术支持等，可分为校内实训和校外实训两类。校内一般在学校内部，属学校自有的教学资源。校外实训则是以企业的生产与管理单位为依托，为中职教育提供实践培训与技能指导，一般为学校与企业达成合作协议，共同完成教育教学过程。

一、校内实训

核电设备安装与维护专业校内实训基地应分讲解学习区和实训操作区。在校内实训基地要完成电工实训、钳工实训、液压泵阀门检测维护实训、电器仪表检测维护实训、电气线路检测维护实训、焊工实训以及四回路模拟实训。图 5-1 至图 5-6 是三门职业中专核电设备安装与维护专业校内实训基地部分设施。

图 5-1　三门职业中专核电设备安装与维护专业机械检维护实验区

图 5-2　三门职业中专核电设备安装与维护专业仪表控制实验区

图 5-3　三门职业中专核电设备安装与维护专业维修电工实验区

图 5-4　三门职业中专核电设备安装与维护专业电气线路检维护实验区

图 5-5　三门职业中专核电设备安装与维护专业电焊实验区

图 5-6 中核五公司与三门职业中专联合开发的四回路模拟实训室

核电设备安装与维护专业实训基地要有严格的实训管理制度，并配有专兼职实训指导师，要满足学生课程实训教学的需要，图 5-7 是核电站建设企业技术人员在指导三门职业中专核电设备安装与维护专业学生实训，图 5-8 是三门核电站外籍技术人员在给三门职业中专核电设备安装与维护专业学生上课。

图 5-7 核电站建设企业技术人员在指导三门职业中专核电专业学生实训

图 5-8　三门核电站外籍技术人员在给三门职业中专核电设备专业学生上课

二、校外实训

校外实训是中职学校培养人才的关键环节之一，是提高学生实际动手能力和职业能力必需的教学手段。它是学生在学校期间最早接触社会工作岗位，实现与社会工作零距离接触的良好途径，学生可以增加工作经验，实现毕业能上岗，上岗能称职的目标，从而提升就业竞争力。

校外实训前，要加强对学生的纪律教育、安全教育、质量意识教育、爱岗敬业教育、文明礼貌教育；明确实训的意义、目的、要求、内容和考核办法。

校外实训期间，实训指导教师、带队教师负责实训过程的管理、实训指导与安全工作，督促学生遵守实训单位规章制度。

实训结束后，学生要写出实训总结，并由校企双方做出鉴定或组织考核。

【资料链接】

三门职业中专业核电设备安装与维护专业校外实训的安排

三门职业中专自2010年与三门核电站建设单位——中国核工业第五建设公司三门总承包部、中国核动力设计研究院三门项目部签订了联合办学定向就业“订单教育”协议后，根据“订单教育”协议的约定，三门职业中专核电设备安装与维护专业三年级学生由中国核工业第五建设公司三门总承包部、中国核动力设计研究院三门项目部负责落实联系校外实训单位。主要是：浙江三门核电项目部、福建福清核电项目部、福建宁德核电项目部、广东大亚湾核电项目部、江苏田湾核电站项目部，图5-9为三门县中专核电设备安装与维护专业学生在三门核电站参观。

图5-9　三门职业中专核电设备安装与维护专业学生在三门核电站参观

【想一想】

1. 中职学校课程教学与初级中学课程教学有哪些不同之处?

【做一做】

1. 问一问学校教务处,核电设备安装与维护专业应学习哪些课程?

2. 参观核电设备安装与维护专业校内实训基地,并了解实训教学的安排。

3. 问一问学校实训处,核电设备安装与维护专业校外实训的合作企业有哪些?这些企业在哪里?

第六章　为走进核电建设企业做好准备

第一节　认识自己

中职核电设备安装与维护专业的学生虽然职业目标已明确，但要实现目标，还要做好规划，并通过三年的学习和训练，获得相应的职业能力，才能顺利走进核电建设企业。要做好规划，首先要认识自己，认识自己包括认识自己的兴趣、性格、能力特长及价值取向等。

一、认识自己的意义

一个人只有正确认识自己，才会拥有理智和通达的人生观，才会找到适合自己所走的路，才会取得事业成功。

1. 认识自己，准确规划

一个人只有认识自己，才能了解"现在的我"，才能准确规划"未来的我"。在"未来的我"这个目标引导下，才会努力学习，不断提高自己的职业素养，为择业求职和未来的职业发展做好准备；在"未来的我"这个目标引导下，人们才会在职业活动中有所追求，使自己事业有成。

2. 认识自己，杨长补短

一个人只有认识自己，才能了解自己的长处和存在的不足，通过发现自己的优点，以寻找到发展自己的突破点，增加个人自信心；通过对缺点积极客观的分析，找到解决的办法，修补短处，不断完善自己。

3. 认识自己，成就事业

研究发现，每个正常人都有其独特的才干以及用才干构成的独特优势。我们应该认识自己，明白自己的优势所在，并将自己的事业建立在这个优势上，例如：一个软件工程师可以开发出一套非常热销的软件，却不见得能指挥“千军万马”；一个跨国集团的总裁可以管理好旗下的所有企业及员工，却不一定能开发出一套好的软件。因此，认识自己，明白自己适合做什么，能做什么，根据自身优势，全力以赴去做，这样事业才会成功。

二、认识自己的内容

既要认识外在的我，也要认识内在的我；既要认识积极的我，也要认识 消极的我；既要认识昨天、今天的我，也要认识明天的我。认识自己的内容丰富而具体，它主要包括自己的兴趣、性格、能力特长、价值取向等。

1. 兴趣与职业兴趣

(1)兴趣是一个人积极探究某种事物的心理倾向。了解自己的兴趣，对自己的择业和就业有很大意义。

(2)职业兴趣是一个人对待工作的态度，对工作的适应能力，表现为有从事相关工作的积极的心理倾向性。“萝卜青菜，各有所爱”，每个人都有自己的职业兴趣。有的人喜欢与自然打交道，有的人喜欢从事机器操作，有的人却喜欢社会工作。有的人兴趣广泛，有的人兴趣单一。如果一个人对某种职业感兴趣，就会对这种职业极大的关注，投入高度的热情，一个人如能从事自己感兴趣的职业，工作起来就会身心愉悦，热情高涨，干劲十足，乐此不疲。职业兴趣影响个人的求职筹划和求职决策，当兴趣和职业相适应时，个人的工作满意度、职业稳定性和职业成就感能就能增加。

(3)职业兴趣是可以培养的。职业兴趣的培养往往需要一个了解、喜欢、热爱、沉醉的过程。中职学生应努力了解所选的专业，学好专业知识，掌握专业技能，同时拓展自己的兴趣范围。在所学专业对应的职业群中，相信一定能找到与自己兴趣相符合的职业。

2.性格和职业性格

(1)性格是一个人对现实的稳定态度以及与之相适应的习惯化了的行为方式，是一个人在对待客观事物和社会行为方式中所表现出来的比较稳定的个性心理特征。性格分为内向型、外向型、中间型。一个人的性格影响着他对职业的适应性，一定的性格适合于从事一定的职业。

(2)职业性格是人们在长期特定职业生活中所形成的与职业相联系的比较稳定的心理特征。俗话说："男怕入错行，女怕嫁错郎"。性格影响着人们从事某一职业的适应性，如能找到并从事与性格相适应的职业，就容易干的开心，就容易从工作中获得满足感和成就感。例如叫一个活泼开朗，善于言谈，求新求异的人，去从事某一单调重复的物品加工，不闷死才怪。同样，不同的职业也要求我们具有与之相适应的职业性格。比如，从事幼儿教育的工作者性格需要爱心，热心、耐心、细心，从事管理的工作者性格需要机智、果断、独立、协作。

(3)性格是可以调适的。虽然俗话说，"江山易改，本性难移。"其实，人的性格是可以调适的。知识、能力、实践锻炼、生存环境、突发变故等或多或少都能改变一个人的性格。中职学生要了解自己的性格，并通过学习和实践来调适自己的职业性格，为未来的职业活动取得成功打好基础。

3.能力特长

(1)能力就是指顺利完成某种活动所必需的主观条件。在这些主观条件中特别擅长的某一方面或几方面就是能力特长。能力特长是职业活动中核心竞争优势，是一个人职业选择和职业成功的基础，它直接影响职业活动的顺利开展以及职业活动效率的高低。

(2)能力可分为一般职业能力和职业特殊能力。一般职业能力是指观察，记忆，思维，想象等能力，通常也叫智力。它是人们完成任何活动所不可缺少的，是能力中最主要最一般的部分。特殊职业能力是指人们从事特殊职业或专业需要的能力。例如音乐中所需要的听觉表象能力，运动中所需要的行为协调能力。人们从事任何一项专业性活动既需要一般能力,也需要特殊能力。二者的发展也是相互促进的。

(3)不同的职业对人的能力有不同要求。每个人都有不同的能力、特长,例如,有的人擅长于言语交谈,有的人擅长于实际操作,有的人擅长于理论分析,有的人擅长于事务性工作。不同职业对人的能力、特长有不同要求,在求职活动中只有准确地认识自己的能力、特长,才能找到一份与自己能力特长相符合的职业,才能学以致用,人尽其才,才能善待自己,最终发展自己。

(4)能力是可以提高的。也许一个人开始时不具备某种职业能力,但只要你刻苦参加相应训练,这项能力是可以获得的,并在以后的职业实践中得到发展和提高。因此,中职学生要珍惜在校的学习机会,积极参加专业技能训练,有意识、有计划地提高自己的职业能力。

4.行为习惯

(1)行为习惯是一种定型的行为,是长期积累、反复强化的产物,是经过反复练习而养成的语言、思维、生活等行为方式。“习惯成自然”,它一经形成,便自然而然地体现在人们行为中,即不需要别人提醒、督促,也不需要自己意志努力。一个人一天行为中,大约5%是属于非习惯性的,剩下的95%的行为是习惯性的。

行为习惯按性质可分为好习惯、坏习惯和中性习惯;按内容可分为学习习惯、生活习惯、礼貌习惯、思维习惯、遵纪习惯等等。

(2)行为习惯的力量是惊人的。它影响学习的效率、求职、工作的顺利,生活的幸福,它以一种无比顽强的姿态干预人们方方面面。良好的行为习惯能推动人们奔向成功,不良的行为习惯拉扯人们滑向失败。

(3)中职学生要努力养成良好的行为习惯。美国著名心理学家威廉·詹姆士说过一段非常精彩的话:“播下一个行动,你将收获一种习惯;播下一种习惯,你将收获一种性格;播下一种性格,你将收获一种命运。”昨天的行为习惯已经造就了今天的我们,而今天的行为习惯决定我们的明天。所以,中职学生在校期间要勇于解剖自我,继续拥有好的习惯,努力改掉不良习惯,为自己将来的求职、顺利就业、幸福生活做好准备。

5. 职业价值取向

职业价值取向是人们从事职业的行为目的。在职业活动中，有的人希望提升社会地位，得到社会认同，有的人希望工作有弹性，可以自由掌握自己的时间和行动，有的人希望能明显有效地增加自己的收入，重视金钱财富的不断增加等等。一般来说，绝大多数人的职业价值取向不是单一的，而往往是几种的综合。

中职学生要有正确的职业价值取向。在职业活动中，职业价值取向决定一个人的职业行为，影响人的职业态度，也是人在从业过程中的驱动力。因此，中职学生要树立正确的职业价值取向，让职业价值取向既符合社会的需要，又符合自身实际。

三、认识自己的方法

认识自己，其实是件很困难的事，一个人想彻底认识自己难度更大。眼睛长在身上，喜欢用来观察外界事物，自身往往成了盲点。那怎样才能准确客观的认识自己？这需要掌握运用一些科学的方法。

1. 自我测评

自我测评就是在自我观察、自我回顾以及与他人比较的基础上，对自己的性格、兴趣、能力特长各个方面进行认真仔细的分析、评估，以明确自己的优势与弱点，并能对自己的潜能和工作选择的方向进行分析。那是自我反思、认识的过程。这一过程并不是天马行空，而是建立在自己的对人处事的成败经历上，在成功中找长处、优点，在失败中找短处、缺点，不回避自己的缺点和短处，是深刻的自我解剖。

2. 职业测评

(1)职业测评是心理测评的一个分支，是一种了解个人与职业相关的各种心理特质的方法。具体地说，职业测评是通过一系列的科学手段对人的一些基本心理特质(能力素质、个性特点、兴趣爱好等)进行测量与评估。通过测量、评估，分析测评者的各种特点，帮助测评者进行职业选择。告诉测评者适合做什么和不适合做什么工作。职业测评是认识自己的一种非常有效的手段。平常人们都会对自己有一个感性的认识，但实质上并不明确，也并不一定会十分准确。有时意识到但又说不清楚，通过职业测评，帮助自己得到系统地描述和分析，发现一个真正的自己。

（2）职业测评形式。职业测评主要是通过纸笔测验的方法，也就是现在大家在网上、书上经常可以看到的“回答一系列问题的测验”。

常见的职业测评的类型主要有五类：

①职业兴趣测评——了解个人对职业的兴趣，即“你喜欢做什么”。

②职业价值取向测评——了解个人在职业发展中所重视的价值观以及驱动力，即“你要什么”。

③职业能力测评——考察个人的基本或特殊的能力素质，如你的逻辑推理能力，口头表达能力，即“你擅长什么”。

④职业性格测评——考察个人与职业相关的性格特点，即“你是怎样的一个人”。

⑤职业发展评估测评——主要是评估你的职业发展阶段等。

（3）职业测评的发展。职业测评兴起于20世纪初，经过近百年的稳步发展，现已成为最有效、最客观的职业测评手段。全球约有四分之三以上的大公司在人员甄选、安置和培训方面使用职业测评，而且越来越多的中小公司也正加入到这一行列中来。在我国，随着近年来就业形势的变化，职业测评也越来越引起人们的关注。如果你真的想借助职业测评达到了解自我的目的，应该选择科学的职业测评。科学的职业测评是客观化、标准化的问卷，它的科学性、客观性、可比较的功能是其他自我了解的方法不具有的。但是应该清楚地知道，在传媒上看到的大多数都不是严格意义上的职业测评，只能将它们当作娱乐。

3.他人测评

“当局者迷，旁观者清”。“不识庐山真面目，只缘身在此山中”。人们对自己的优缺点和长短处往往不很明确或者带有主观色彩，所以中职学生在认识自己的过程中，应该主动听取自己的家长、朋友、老师、同学等多方意见，请他们对自己的情况作客观评价，在他人的评价中认识自己。当然，在尊重他人的评价同时，还要进行冷静地分析，做到不忽视，也不盲从。

第二节 了解职场环境

每个人都处在一定的环境中，离开这个环境，便无法生存和发展。所以，中职学生在进入职场前，要充分认识与了解职场的环境，分析评估环境条件的特点、发展变化情况，把握环境因素对自己的有利条件与不利条件。这些环境因素包括家庭状况、区域经济发展动向以及行业发展状况等。只有充分了解这些因素，才能做到在复杂的环境中趋利避害，使自己顺利实现就业，并在职业活动中取得成功。

一、家庭状况

家庭是人生活的重要场所，一个人的价值观、行为模式都会受其家庭生活和家庭成员潜移默化的影响。

家庭经济状况、社会关系、家庭成员的职业价值观及健康状况等都会直接或间接地影响着人的职业选择。首先，家庭教育方式的不同，造成人们对世界的认知不同。其次，父母的职业是孩子最早观察模仿的对象，孩子必然会得到父母职业技能的熏陶。因而，在现实生活中，常常看到诸如艺术世家、教育世家、商业世家等。再次，父母的价值观、态度、行为、人际关系等会对子女的职业评价及职业选择产生深刻影响。如父母对某种职业的看法、偏好以及期望都会影响子女对职业的认识与选择，产生对某种职业的期待或排斥。有些家庭更是有意识地培养子女对特定职业的兴趣，主动发展孩子从事该职业的能力，长此以往，随着孩子年龄的增长，就会不自觉地进入某种职业角色。例如，在知识分子家庭或父母比较尊师重教的家庭出身的孩子，他们长大后会比较乐意选择教师职业。

家庭因素对一个人从事职业活动的影响明显。家庭成员之间的关系是否和睦、孩子的成长状况、家庭收入、亲人健康等都会对人的心理及职业发展产生影响，不同的家庭情况会产生不同的影响。因此，和谐幸福的家庭环境是一个人从事职业活动强有力的保障。

二、核电站建设区域经济发展状况

我国是一个发展中的国家，经济区域众多、条件千差万别。因而区域经济发展的特点和水平也各不相同。从中国核电发展历史来看，核电站的建设会从经济、税收、教育、三产服务等方面拉动核电站所在地的发展。

(1)建设期间，上万名建设者将拉动消费增长，众多技术专家和管理人才的汇集，将推动当地文化事业的发展；

(2)核电站建成后能为当地提供稳定的电源，保证当地经济得以稳步发展；

(3)核电站建成后每年上缴的税收，按照国家政策，将大部分用于当地，当地财政收入和GDP可明显增加，特别是将极大地推动当地教育基础设施的建设。

核电站的建设将进一步提高核电站所在地的知名度，带动第二、三产业的发展，为当地居民直接或间接提供大量的就业机会。

总之，核电属于高科技产业，核电站的建设技术复杂，投资量大，参建人员多，建设工期长。每建造1台百万千瓦级的核电机组，就需要投资人民币100亿元左右，如此巨大的投资，对当地经济社会发展必将产生巨大的拉动效应。

三、行业发展状况

中职学生的职业选择与行业的发展息息相关。选择什么样的行业，就有什么样的发展空间。行业发展为个人发展提供施展才华的舞台，关注与把握行业发展动态，借行业发展提供的机遇发展自己，有助于自己事业获得成功。

关注行业发展：一是关注本行业出现的新技术、新工艺；二是关注本行业产生的新职业、新岗位；三是关注本行业与相关行业之间的动态关系；四是关注国家、地方和外资对本行业及相关行业的投资动向。了解前两方面动态，能及时按新标准提升职业能力，使自己站在行业前沿不被淘汰，对于岗位成才有重要作用。了解后两方面动态，能把握行业发展趋势，发现新机遇，对于创业十分重要。不论从哪个角度关注行业发展动向，均应着眼于职业的可持续发展。

核电产业是我国今后电源结构调整的主攻方向，投资规模将大大超过常规电厂。国家对核电发展的战略由“适度发展”到“积极发展”。在这样的背景下，中国的核电能源将获得很好的发展机遇。2010年，中国核电装机容量达1082万千瓦，在建机组26台装机容量2914万千瓦。我国规划2020年核电在发电总量中占比达到5%。完成这一指标保守估计届时核电装机容量至少达到7000万千瓦，如能源需求总量再高一点，则核电装机容量需要达到8000万千瓦。总之，核电工业是一个发展之中的行业，你若走进核电建设企业，只要你付出努力一定会有所成就。

第三节　规划未来

职业生涯的发展是有规律的，每个人的职业生涯又是各不相同的。因此，中职学生要在认识自我，了解环境的基础上，规划出属于自己的职业生涯。

一、职业生涯的发展阶段

生涯是一个人一生的经历，职业生涯是指一个人一生从事职业活动的经历。

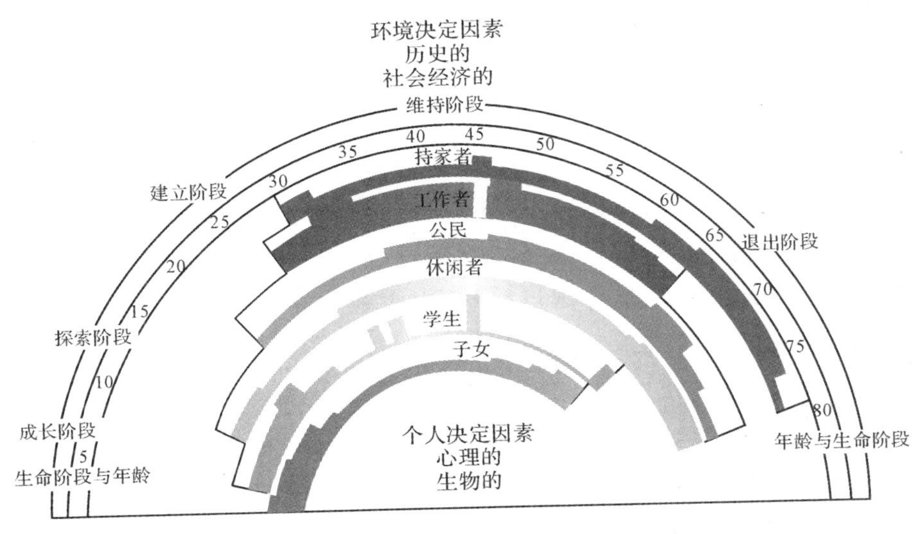

图6-1　萨柏的生涯彩虹图

图 6-1 是职业生涯规划大师萨柏(D. E. Super)的生涯彩虹图，它形象地展现了生涯发展的时空关系。在生涯彩虹图中，最外的层面代表横贯一生的“生活广度”，纵向层面代表的是纵观上下的生活空间。

(1)成长阶段(出生至 14 岁)，是一个以幻想、兴趣为中心，对自己所理解的职业进行选择与评价；

(2)探索阶段(15～24 岁)，逐步对自身的兴趣、能力以及对职业的社会价值、就业机会进行考虑，开始进入劳动力市场或开始从事某种职业；

(3)建立阶段(25～44 岁)，对选定的职业进行尝试，变换工作，到逐步稳定；

(4)维持阶段(45～60 岁)，劳动者在工作中已经取得了一定的成绩，维持现状，提升自己的社会地位；

(5)退出阶段(60 岁以后)，职业生涯接近尾声或退出工作领域。

我国专家也提出与之相似的划分方法，即萌发期、继承期、创造期、成熟期和老年期。

二、职业生涯规划的作用

“上进之心，人皆有之”，人人都期盼事业成功。然而，事业的成功，并非人人都能如愿，问题何在呢？如何做才能使事业获得成功呢？职业生涯规划为我们提供了一条走向成功的路径。

1. 职业生涯规划

职业生涯规划又叫职业生涯设计，是指个人与组织相结合，在对一个人职业生涯的主客观条件进行测定、分析、总结的基础上，对自己的兴趣、爱好、能力、特点进行综合分析与权衡，结合时代特点，根据自己的职业倾向，确定其最佳的职业奋斗目标，并为实现这一目标做出行之有效的安排。

2. 职业生涯规划的作用

职业生涯规划可以帮助人们树立明确的目标，运用科学的方法，切实可行的措施，发挥个人的专长，开发自己的潜能，克服生涯发展困阻，不断修正前进的方向，最后获得事业的成功。

(1)职业生涯规划可以帮助人们确定职业发展目标。职业发展目标是职业发展的导航标。职业生涯规划的重要内容之一,是对个人进行分析。通过分析,认识自己,了解自己,估计自己的能力,评价自己的智慧;确认自己的性格,判断自己的情绪;找出自己的特点,发现自己的兴趣;明确自己的优势,衡量自己的差距。通过这些分析,定身量制自己的职业发展目标,使自己的才能得到充分发挥,使自己得到发展。

(2)职业生涯规划是鞭策人们努力学习、工作的动力。当你制定了职业生涯规划之后,就有了明确的目标和相应的行动计划。明确的目标是人们努力的依据。有了目标的感召,在行动中就可避免盲目性和被动性,同时也鞭策你行动。规划与现实的差距会产生学习、工作动力。当你把这些规划一步一步转为实现,就尝到了成功的喜悦,也有了继续努力的动力。当你在学习、工作中遇到困难,情绪低落,却步不前时,明确的目标和相应的行动计划会激励、鞭策你继续前行。有一点很重要,规划必须是具体的,可以实现的,如果规划不具体——无法衡量就会降低积极性,失去应有的鞭策作用。

(3)职业生涯规划是提升竞争能力的策略。当今社会充满着激烈的竞争。物竞天择,适者生存,不适者淘汰。如何提升自己的竞争力,让自己在激烈的竞争中脱颖而出并保持不败?凡事"预则立,不预则废"。生涯发展要有计划、有目的,不可盲目地"撞大运",设计好自己的职业生涯规划,明确职业生涯的发展重点,在学历提升、技能提高、素质发展等方面步步为营,运用科学的方法采取可行的步骤与措施,落实到自己的行动中,不把精力糊涂地浪费在小事情上,这才是积极的应对竞争、提升能力之策。

(4)职业生涯规划是不断评估自我,调整自我的手段。职业生涯规划的一个重要功能是提供自我评估的重要手段。在不同发展阶段都要对自己的过去、现在和未来进行审视、评估,评估就是根据规划的进展情况评价目前取得的成绩。当没有达到预期的成绩时,就要反思自己,并不断调整自己,及时纠错、纠偏,匡正自己的行为,让自己在职业发展中少走弯路,节省时间和精力,为自己的每一个职业阶段创造最大的成就感和满足感。

只有善于对自己的职业生涯进行自我规划的人,才能有正确的前进方向和有效的行动措施，才能充分发挥自我管理的主动性，才能充分提升自己的竞争力，才能在职业生涯中取得好业绩。

三、职业生涯规划的步骤

职业生涯规划的内容尽管因人而异，但在制定个人职业生涯规划时所要考虑的要素却是基本相同的，一般包括：个人基本情况，职业环境，追求目标等。所以，在制定职业生涯规划时可以分为以下几个步骤进行。

1. 确定志向

俗话说："志不立，天下无可成之事。"确定志向是事业成功的基本前提，是人生的起跑点，反映着一个人的理想、胸怀、情趣和价值观，影响着一个人的奋斗目标及成就的大小。所以，在制定生涯规划时，首先要确立志向，这是制定职业生涯规划的关键。

2. 自我评估

自我评估包括自己的兴趣、特长、性格、学识、技能、智商、情商、思维方式、行为习惯、身体状况等。自我评估的目的，是认识自己、了解自己。因为只有认识了自己，明白我能做什么，我适合做什么，才能对自己的职业做出正确的选择，才能选定适合自己发展的职业生涯路线，才能对自己的职业生涯目标做出最佳抉择，才能做出正确的行动计划和措施。

3. 职业生涯环境的评估

职业生涯环境包括家庭环境、区域经济发展和行业发展。职业生涯环境的评估，主要是评估各种环境因素对自己职业生涯发展的影响。每一个人都处在一定的环境之中，离开了这个环境，便无法生存与成长。所以，在制定个人的职业生涯规划时，要分析环境条件的特点、环境的发展变化情况、自己与环境的关系、自己在这个环境中的地位、环境对自己提出的要求以及环境对自己有利的条件与不利的条件等等。只有对这些环境因素充分了解，才能把握环境中的优势，使职业生涯规划符合实际。

4. 职业的选择

职业众多，在自己所学的专业对应的职业群中，哪个才是适合我的呢？职业选择正确与否，直接关系到人生事业的成功与失败。不同职业，待遇、名望、成就感和工作压力及劳累程度都不一样，这就看个人的选择了。选择最好的并不一定适合我的，选择适合我的才是最好的。

5. 设定职业生涯目标

职业由许多相近的岗位组成，每一岗位都有相应的素质要求和责任。职业生涯目标有岗位的升迁、技术等级的提升、职业的变换、就职单位的变化等等。职业生涯目标的设定，是职业生涯规划的核心。一个人事业的成败，很大程度上取决于有无正确的目标。没有目标如同驶入大海的孤舟，四野茫茫，没有方向，不知道自己走向何方。只有确立了目标，才能明确奋斗方向，目标犹如海洋中的灯塔，引导你避开险礁暗石，走向成功。职业生涯目标，通常目标分短期目标、中期目标、长期目标。短期目标一般为1～2年，短期目标又分日目标、周目标、月目标、年目标。中期目标一般为3～5年。长期目标一般为5～10年。设定职业生涯目标要具体、实在。

6. 制订行动计划与措施

在确定了职业生涯目标后，行动便成了关键的环节。没有行动，目标就难以实现，也就谈不上事业的成功。这里所指的行动，是指落实目标的具体措施，主要包括教育、工作、训练、轮岗等方面的措施。例如，为达成目标，在学习方面，你制订怎样学习计划，提高你的学习成绩；在工作方面，你计划采取什么措施，提高你的工作效率；在业务素质方面，你计划学习哪些知识，掌握哪些技能，提高你的业务能力；在潜能开发方面，采取什么措施开发你的潜能，等等。根据近细远粗原则制订计划、措施，计划、措施要明确、具体、可操作，以便于定时检查。

7. 评估与反馈

俗话说："计划赶不上变化。"是的，影响职业生涯规划的因素诸多。有的变化因素是可以预测的，而有的变化因素难以预测。在此状况下，要使职业生涯规划行之有效，就必须不断地对职业生涯规划进行评估与修订。修订的内容包括：职业的重新选择、职业生涯目标的调整以及实施措施与计划的变更等。

职业生涯规划过程是一个动态过程，一个人只有对自己制订的职业生涯规划进行不断评估与修订，才能使自己的事业走向辉煌。

职业生涯规划流程如图 6-2 所示。

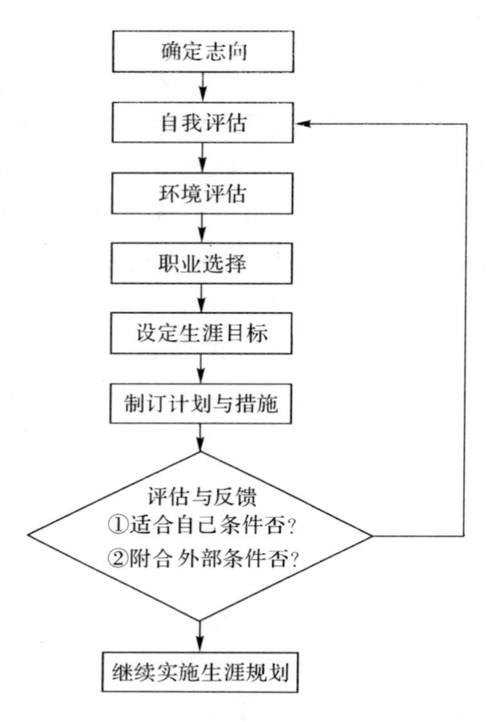

图 6-2　职业生涯规划流程

生涯彩虹图因人而异。中职学生应对自己的现状进行综合而积极的分析，描绘出属于自己的生涯彩虹图。不经风雨，怎能见彩虹？用心描绘自己的未来，用坚定而有力的步伐，大展自己的身手，相信自己的明天会如彩虹般的多彩灿烂、光辉耀眼。

【想一想】

1. 想一想我的兴趣在哪里、性格怎样、有何特长？若不明确，可通过测评使之明确。

2. 想一想我现在兴趣、性格和未来的职业要求是否基本相符？若不相符，打算如何改变？

【做一做】

1. 结合下面二个案例，与同学们一起讨论职业生涯规划的作用。

- **案例 1**　小吴同学是某职业中专幼师班毕业生，在校期间她就下决心将来为当地的幼教事业做出贡献，于是她刻苦学习专业技能和文化课，门门功课成绩优秀。毕业后，她先去私人幼儿园任教，细心琢磨幼儿心理，努力探索幼教工作，积累教学和办学经验，然后创办了“太阳人幼儿园”。几年时间里，她的幼儿园被评为县一级幼儿园、市文明幼儿园，个人被评为国家优秀职校毕业生。

- **案例 2**　大力同学2003年初中毕业后，进入了职业中学财会专业学习。他觉得现在大学生也工作不好找，像他这类职高生就更没市场了，在校期间，过一天算一天。他说毕业后就凭自己的运气了。结果，去年毕业，至今还待在家里无所事事。

2. 根据你的内外部条件，仿照职业生涯规划的个案，撰写一份“我的未来规划”。

- **案例 3**

我想当调酒师，我想开酒吧

选择一个合适的职业，是一个人走向成功最短的一条路。如果说职业是通向成功的一条直线，那么在职业生涯中不断的进取和努力，就是这条线上的每一个点；由这些点构成的每一条线段，连成了通向职业生涯最高目标的路程。

一、兴趣爱好

有一定的艺术天分，喜欢绘画和造型艺术，但总不爱按部就班、规规矩矩，愿意异想天开，自我创新。还有一个爱好，羞于说出口，那就是——喝酒！但我可不是酒鬼，我只是喜欢酒的那种醇香！

二、生活环境

我家在农村，是属于那种城市边缘的农村。所以，在我的成长过程中，我像城市中的孩子一样上幼儿园、去少年宫……这培养了我对很多东西的兴趣，增强了我的动手、动脑能力。我对于绘画和形体艺术的热爱，就是从参加少年宫的活动过程中培养起来的。而对于酒的热爱，则可能是遗传——我的父亲也喜欢。我学的是食品（生物）工艺专业，和酒有千丝万缕的联系。

三、现在的我与将来的我的差距

我的理想是开一间酒吧，成为一名优秀的调酒师！但是，现在的我对于调酒师这个职业了解还有限，对于酒吧的经营管理也不甚了解。同时，成为一名调酒师应有的一些特质，我也不太突出，比如，嗅觉、味觉的灵敏度还需要训练！但是我相信，凭借我对职业的热爱，通过我的勤奋努力，一定能够实现自己的理想！

四、阶段规划

在校期间打好专业基础（16～19岁）→酒吧打工（20～23岁）→针对性学习调酒技艺（23～25岁）→调酒师（25岁）→开自己的酒吧（30岁）→向更专业的国际化水平发展（24～35岁）→具有国际水平的高级调酒师（35岁）。

五、具体措施

（1）在校期间打好专业基础（16～19岁）

虽然我的理想是一名职业高级调酒师，但是，我对于各种饮料和酒水的品质鉴定、颜色调配、造型艺术等基础知识十分欠缺，必须认真学好专业课，并利用课余时间搜集有关饮料、调酒等方面的信息，学习有关专业书籍。

（2）酒吧打工（20～23岁）

因为调酒师的工作一般都是在酒吧中，所以毕业之后，我要找一份酒吧中的工作，可以是DJ，可以是服务生，甚至可以是洗盘子的……我的目的有两个：一是自力更生，存一点钱；二是与酒吧中的调酒师们进行交流，了解这一行业的特点，请教如何训练自己味觉和嗅觉的灵敏度。

（3）有针对性地学习调酒技艺（23～25岁）

经过两年的打工，我对于调酒师的工作特点已经有了一定的了解，另外也给自己存够了一笔学费。这时，我会向有经验的调酒师请教，上网查询，为自己选一所专业培养调酒师的学校，开始迈出通向调酒师的第一步。

(4)调酒师(25岁)

通过专业培训，相信我将对调酒工作有一个全新的认识，并掌握了一定的调配技能，连续取得初级、中级调酒师资格。这时，我应该可以完全胜任一间普通酒吧的调酒师了！

(5)自己的酒吧(30岁)

通过在酒吧中工作，在实践中不断提高自己的调酒技能，随着资金的积累、人际关系的不断成熟，我可以开自己的酒吧了！

(6)向更专业化、国际化发展(25～35岁)

①参加比赛，在竞争中提升自己的能力。由于调酒的文化性、知识性、技术性、观赏性都很强，所以无论是国际上还是我国都经常举行“调酒师大赛”，这种赛事成为调酒师们互相交流学习的一个平台，也是一个通过竞争提高自己水平的机会。开设自己的酒吧后，我会更多地参加此类大赛，找到自身的不足，并不断地赶上去，充实自己、提高自己！

②出国深造，缩短与国际水平的差距。当我具有一定的专业水平之后，要到国外进行短期的专业培训，拓宽自己的视野，缩短自己与国际水平的差距。

(7)具有国际水平的高级调酒师(35岁)

通过专业学校的学习，十几年的实践经验和国际大赛的历练，我会很快地成熟起来。这时的我，将真正地在我热爱的调酒行业中创出一片天地，成为具有国际水准的高级调酒师！

“阳光总在风雨后”，我相信只要我付出、我坚持、我努力、我向上，多高的理想都不遥远，我的职业生涯将沿着我的规划，踏踏实实，一步一个脚印地走下去！

××××学校　×××

后　记

《走进核电》经过近两年的努力终于完稿了，在即将付印之际，我们觉得需作两点说明：

1.课程的形成

核电设备安装与维护专业是三门职业中专在2011年新开发的专业，当初，为了向学生介绍核电基础知识，我们是利用三门核电公司政工处编印的AP1000及核电科普知识读本，向该专业学生作讲座，2013年我们接受省教育厅课改任务后，我们计划开设一门导读课程，并编写相应的教材。《走进核电》课程是在这种情况下产生。《走进核电》初稿于2014年8月完成，2014年9月在我校2014级核电设备安装和维护专业学生中试讲，我们边开课讲授边修改，定稿后，我们将书稿寄省教科院方展画院长审阅，我们得到了他的指导。

2.资料的主要来源

作为中等职业学校老师，我们对核电知识了解不多，为了编写这本教材，一方面我们努力学习核电基本知识，另一方面我们虚心向合作单位工程技术人员请教，并请求他们帮助。在编写初稿时，三门核电公司政工处为我们提供了核电科普知识的文字资料及部分图片，中国核工业第五建设公司三门核电项目部为我们提供人才需求情况及我国核电站建设情况文字资料及部分图片，所以，《走进核电》教材初稿的形成，与他们大力支持是分不开的。

在试讲时，为了使教材更加生动形象，我们又从网上搜寻部分图片和资料加以完善，这些资料和图片主要来源于核电站业主单位的网站。

编写《走进核电》既是为了宣传核电基本知识，也是为我国核电站建设培养初级人才而做出的努力。

在编写《走进核电》的过程中，我们得到了合作企业工程技术人员的关心、指导和帮助，在此我们表示衷心的感谢，特别是对在网上搜寻到并被采用的文字资料和图片的作者表示感谢。

编著者

2015 年 1 月 8 日